青少年科技创新丛书

# 跟我学
# App Inventor 2

谢作如 郑祥 张洁 编著

U0273880

清华大学出版社

北京

# 内 容 简 介

    MIT App Inventor 是一款图形化的 APP 开发环境,用户能够以拖曳积木的形式开发 Android 平台的应用程序。本书以 App Inventor 2.0 为开发平台,结合大量的具体案例,如音乐摇摇乐、GPS 计步器等,深入浅出地介绍了 App 的开发过程和 App Inventor 的编程功能,并且逐步讲解第三方 API 应用接口调用,App 和 Arduino 硬件、Web 服务结合等高级应用。

    本书适合中学生和学有余力的小学高年级学生,同时也适用于零基础的大学生、成年初学者。只要对安卓 App 开发感兴趣,或者对创客感兴趣,本书将是一本不可多得的创客秘籍。

**图书在版编目(CIP)数据**

跟我学 App Inventor 2/谢作如,郑祥,张洁编著.—北京:清华大学出版社,2017(2021.12重印)
(青少年科技创新丛书)
ISBN 978-7-302-45781-7

Ⅰ.①跟… Ⅱ.①谢… ②郑… ③张… Ⅲ.①移动终端-应用程序-程序设计-青少年读物
Ⅳ.①TN929.53-49

中国版本图书馆 CIP 数据核字(2016)第 290545 号

责任编辑:帅志清
封面设计:刘　莹
责任校对:刘　静
责任印制:沈　露

出版发行:清华大学出版社
        网　　　址:http://www.tup.com.cn, http://www.wqbook.com
        地　　　址:北京清华大学学研大厦 A 座　　　　邮　　编:100084
        社 总 机:010-62770175　　　　　　　　　　邮　　购:010-62786544
        投稿与读者服务:010-62776969, c-service@tup.tsinghua.edu.cn
        质量反馈:010-62772015, zhiliang@tup.tsinghua.edu.cn
        课件下载:http://www.tup.com.cn,010-83470410
印 装 者:三河市铭诚印务有限公司
经　　销:全国新华书店
开　　本:185mm×260mm　　　印　张:12.75　　　字　数:286 千字
版　　次:2017 年 1 月第 1 版　　　　　　　　印　次:2021 年 12 月第 5 次印刷
定　　价:56.00 元

产品编号:057382-01

# 《青少年科技创新丛书》
# 编 委 会

# 序（1）

## 吹响信息科学技术基础教育改革的号角

### （一）

信息科学技术是信息时代的标志性科学技术。信息科学技术在社会各个活动领域广泛而深入的应用，就是人们所熟知的信息化。信息化是 21 世纪最为重要的时代特征。作为信息时代的必然要求，它的经济、政治、文化、民生和安全都要接受信息化的洗礼。因此，生活在信息时代的人们应当具备信息科学的基本知识和应用信息技术的基础能力。

理论和实践表明，信息时代是一个优胜劣汰、激烈竞争的时代。谁先掌握了信息科学技术，谁就可能在激烈的竞争中赢得制胜的先机。因此，对于一个国家来说，信息科学技术教育的成败优劣，就成为关系国家兴衰和民族存亡的根本所在。

同其他学科的教育一样，信息科学技术的教育也包含基础教育和高等教育两个相互联系、相互作用、相辅相成的阶段。少年强则国强，少年智则国智。因此，信息科学技术的基础教育不仅具有基础性意义，而且具有全局性意义。

### （二）

为了搞好信息科学技术的基础教育，首先需要明确：什么是信息科学技术？信息科学技术在整个科学技术体系中处于什么地位？在此基础上，明确：什么是基础教育阶段应当掌握的信息科学技术？

众所周知，人类一切活动的目的归根结底就是要通过认识世界和改造世界，不断地改善自身的生存环境和发展条件。为了认识世界，就必须获得世界（具体表现为外部世界存在的各种事物和问题）的信息，并把这些信息通过处理提炼成为相应的知识；为了改造世界（表现为变革各种具体的事物和解决各种具体的问题），就必须根据改善生存环境和发展条件的目的，利用所获得的信息和知识，制定能够解决问题的策略并把策略转换为可以实践的行为，通过行为解决问题、达到目的。

可见，在人类认识世界和改造世界的活动中，不断改善人类生存环境和发展条件这个目的是根本的出发点与归宿，获得信息是实现这个目的的基础和前提，处理信息、提炼知识和制定策略是实现目的的关键与核心，而把策略转换成行为则是解决问题、实现目的的最终手段。不难明白，认识世界所需要的知识、改造世界所需要的策略以及执行策略的行为是由信息加工分别提炼出来的产物。于是，确定目的、获得信息、处理信息、提炼知识、制定策略、执行策略、解决问题、实现目的，就自然地成为信息科学技术的基本任务。

这样，信息科学技术的基本内涵就应当包括：①信息的概念和理论；②信息的地位和作用,包括信息资源与物质资源的关系以及信息资源与人类社会的关系;③信息运动的基本规律与原理,包括获得信息、传递信息、处理信息、提炼知识、制定策略、生成行为、解决问题、实现目的的规律和原理;④利用上述规律构造认识世界和改造世界所需要的各种信息工具的原理和方法;⑤信息科学技术特有的方法论。

鉴于信息科学技术在人类认识世界和改造世界活动中所扮演的主导角色,同时鉴于信息资源在人类认识世界和改造世界活动中所处的基础地位,信息科学技术在整个科学技术体系中显然应当处于主导与基础双重地位。信息科学技术与物质科学技术的关系,可以表现为信息科学工具与物质科学工具之间的关系:一方面,信息科学工具与物质科学工具同样都是人类认识世界和改造世界的基本工具;另一方面,信息科学工具又驾驭物质科学工具。

参照信息科学技术的基本内涵,信息科学技术基础教育的内容可以归结为:①信息的基本概念;②信息的基本作用;③信息运动规律的基本概念和可能的实现方法;④构造各种简单信息工具的可能方法;⑤信息工具在日常活动中的典型应用。

## (三)

与信息科学技术基础教育内容同样重要甚至更为重要的问题是要研究:怎样才能使中小学生真正喜爱并能够掌握基础信息科学技术? 其实,这就是如何认识和实践信息科学技术基础教育的基本规律的问题。

信息科学技术基础教育的基本规律有很丰富的内容,其中有两个重要问题:一是如何理解中小学生的一般认知规律,二是如何理解信息科学技术知识特有的认知规律和相应能力的形成规律。

在人类(包括中小学生)一般的认知规律中,有两个普遍的共识:一是"兴趣决定取舍",二是"方法决定成败"。前者表明,一个人如果对某种活动有了浓厚的兴趣和好奇心,就会主动、积极地探寻奥秘;如果没有兴趣,就会放弃或者消极应付。后者表明,即使有了浓厚的兴趣,如果方法不恰当,最终也会导致失败。所以,为了成功地培育人才,激发浓厚的兴趣和启示良好的方法都非常重要。

小学教育处于由学前的非正规、非系统教育转为正规的系统教育的阶段,原则上属于启蒙教育。在这个阶段,调动兴趣和激发好奇心理更加重要。中学教育的基本要求同样是要不断调动学生的学习兴趣和激发他们的好奇心理,但是这一阶段越来越重要的任务是要培养他们的科学思维方法。

与物质科学技术学科相比,信息科学技术学科的特点是比较抽象、比较新颖。因此,信息科学技术的基础教育还要特别重视人类认识活动的另一个重要规律:人们的认识过程通常是由个别上升到一般,由直观上升到抽象,由简单上升到复杂。所以,从个别的、简单的、直观的学习内容开始,经过量变到质变的飞跃和升华,才能掌握一般的、抽象的、复杂的学习内容。其中,亲身实践是实现由直观到抽象过程的良好途径。

综合以上几方面的认知规律,小学的教育应当从个别的、简单的、直观的、实际的、有趣的学习内容开始,循序渐进,由此及彼,由表及里,由浅入深,边做边学,由低年级到高年级,由小学到中学,由初中到高中,逐步向一般的、抽象的、复杂的学习内容过渡。

# （四）

我们欣喜地看到，在信息化需求的推动下，信息科学技术的基础教育已在我国众多的中小学校试行多年。感谢全国各中小学校的领导和教师的重视，特别感谢广大一线教师们坚持不懈的努力，克服了各种困难，展开了积极的探索，使我国信息科学技术的基础教育在摸索中不断前进，取得了不少可喜的成绩。

由于信息科学技术本身还在迅速发展，人们对它的认识还在不断深化。由于受"重书本""重灌输"等传统教育思想和教学方法的影响，学生学习的主动性、积极性尚未得到充分发挥，加上部分学校的教学师资、教学设施和条件还不够充足，教学效果尚不能令人满意。总之，我国信息科学技术基础教育存在不少问题，亟须研究和解决。

针对这种情况，在教育部基础司的领导下，我国从事信息科学技术基础教育与研究的广大教育工作者正在积极探索解决这些问题的有效途径。与此同时，北京、上海、广东、浙江等省市的部分教师也在自下而上地联合起来，共同交流和梳理信息科学技术基础教育的知识体系与知识要点，编写新的教材。所有这些努力，都取得了积极的进展。

《青少年科技创新丛书》是这些努力的一个组成部分，也是这些努力的一个代表性成果。丛书的作者们是一批来自国内外大中学校的教师和教育产品创作者，他们怀着"让学生获得最好教育"的美好理想，本着"实践出兴趣，实践出真知，实践出才干"的清晰信念，利用国内外最新的信息科技资源和工具，精心编撰了这套重在培养学生动手能力与创新技能的丛书，希望为我国信息科学技术基础教育提供可资选用的教材和参考书，同时也为学生的科技活动提供可用的资源、工具和方法，以期激励学生学习信息科学技术的兴趣，启发他们创新的灵感。这套丛书突出体现了让学生动手和"做中学"的教学特点，而且大部分内容都是作者们所在学校开发的课程，经过了教学实践的检验，具有良好的效果。其中，也有引进的国外优秀课程，可以让学生直接接触世界先进的教育资源。

笔者看到，这套丛书给我国信息科学技术基础教育吹进了一股清风，开创了新的思路和风格。但愿这套丛书的出版成为一个号角，希望在它的鼓动下，有更多的仁人志士关注我国的信息科学技术基础教育的改革，提供更多优秀的作品和教学参考书，开创百花齐放、异彩纷呈的局面，为提高我国的信息科学技术基础教育水平做出更多、更好的贡献。

钟义信

2013 年冬于北京

探索的动力来自对所学内容的兴趣，这是古今中外之共识。正如爱因斯坦所说：一头贪婪的狮子，如果被人们强迫不断进食，也会失去对食物贪婪的本性。学习本应源于天性，而不是强迫地灌输。但是，当我们环顾目前教育的现状，却深感沮丧与悲哀：学生太累，压力太大，以至于使他们失去了对周围探索的兴趣。在很多学生的眼中，已经看不到对学习的渴望，他们无法享受学习带来的乐趣。

在传统的教育方式下，通常由教师设计各种实验让学生进行验证，这种方式与科学发现的过程相违背。那种从概念、公式、定理以及脱离实际的抽象符号中学习的过程，极易导致学生机械地记忆科学知识，不利于培养学生的科学兴趣、科学精神、科学技能，以及运用科学知识解决实际问题的能力，不能满足学生自身发展的需要和社会发展对创新人才的需求。

美国教育家杜威指出：成年人的认识成果是儿童学习的终点。儿童学习的起点是经验，"学与做相结合的教育将会取代传授他人学问的被动的教育"。如何开发学生潜在的创造力，使他们对世界充满好奇心，充满探索的欲望，是每一位教师都应该思考的问题，也是教育可以获得成功的关键。令人感到欣慰的是，新技术的发展使这一切成为可能。如今，我们正处在科技日新月异的时代，新产品、新技术不仅改变我们的生活，而且让我们的视野与前人迥然不同。我们可以有更多的途径接触新的信息、新的材料，同时在工作中也易于获得新的工具和方法，这正是当今时代有别于其他时代的特征。

当今时代，学生获得新知识的来源已经不再局限于书本，他们每天面对大量的信息，这些信息可以来自网络，也可以来自生活的各个方面，如手机、iPad、智能玩具等。新材料、新工具和新技术已经渗透到学生的生活中，这也为教育提供了新的机遇与挑战。

将新的材料、工具和方法介绍给学生，不仅可以改变传统的教育内容与教育方式，而且将为学生提供一个实现创新梦想的舞台，教师在教学中可以更好地观察和了解学生的爱好、个性特点，更好地引导他们，更深入地挖掘他们的潜力，使他们具有更为广阔的视野、能力和责任。

本套丛书的作者大多是来自著名大学、著名中学的教师和教育产品的科研人员，他们在多年的实践中积累了丰富的经验，并在教学中形成了相关的课程，共同的理想让我们走到了一起，"让学生获得最好的教育"是我们共同的愿望。

本套丛书可以作为各校选修课程或必修课程的教材，同时也希望借此为学生提供一些科技创新的材料、工具和方法，让学生通过本套丛书获得对科技的兴趣，产生创新与发明的动力。

丛书编委会

2013 年 10 月 8 日

# 前　言

　　算起来,我应该是 App Inventor 的国内早期用户了。大概是 2011 年年初,我在一个儿童编程软件的排行榜中了解到 App Inventor。作为一个信息技术学科的教师,我早已无法忍受教材的滞后,非常期待能开设一门关于智能手机编程方面的校本课程。

　　其实早在 2010 年左右,我就买过几本安卓手机编程的书,但觉得相对于中学生来说,Java 的技术门槛有点高,最终放弃。通过一些介绍性的文章,我了解到 App Inventor 类似 Scratch,是不可多得的儿童编程平台。可惜好事多磨,我久等还是没有下文。2011 年认识了李大维,通过向他打听情况,得知这个项目被谷歌关闭了,很失望。幸而很快又陆陆续续地传来一些新消息,说 App Inventor 项目最后移交到美国麻省理工学院(MIT)云云。于是继续等待,有空就上网搜搜新动态。

　　2012 年,我终于能访问 MIT 的 App Inventor 项目网站了。虽然是英文版,但是摸索着还是成功地编写了几个小程序。我到现在还清楚地记着,编写的第一个程序就是点击我的名字,然后跳转到我的新浪博客。那段时间,我正好在写《S4A 和互动媒体技术》一书,忙里偷闲中给 S4A 编写了一个 App,实现了将手机上的方向、加速度和位置等传感器信息以远程传感器的形式,传送给 S4A。这一 App 的编写过程后来也整理为一篇文章,作为《S4A 和互动媒体技术》的附录。那段时间,国内还找不到一本关于 App Inventor 方面的原创书籍,可参考的资料很少。

　　说起 App Inventor 在我国的发展,"老巫婆"(金从军老师)是一个无法绕开的名字。她和她的丈夫张路最早将 App Inventor 2 汉化,并推出离线版,为 App Inventor 的国内推广,做了很多重要的工作。我和我的儿子谢集自学 App Inventor 2,全靠她翻译的帮助文件。有趣的是,我在 2014 年才从"老巫婆"的博客上发现一个细节:2013 年上海创客嘉年华活动中,我和吴俊杰等教师在创客论坛上演讲,呼吁创客们关注中小学教育,坐在第一排拿着摄像机的就是她和张路老师。后来她告诉我,那天听了我们的演讲后,他们就下决心要为儿童编程做点事,回到北京就开始做 App Inventor 2 汉化、翻译工作。

　　《跟我学 App Inventor 2》这本书从策划到编写、出版,经历了好几年,周期比较长。和出版社签约是在 2013 年,因为 App Inventor 一直没有出官方版本,我就有合理的借口拖延下去。但是,关于 App Inventor 的校本课程,则从 2013 年下半年就开始开课了,书中的很多案例都是在教学中日积月累而成的。2014 年年底,MIT 在广州市教育信息中心建立了官方服务器后,我们终于开始了写书的工作。

　　本书的第 1 章、第 2 章主要由张洁负责撰写,第 3 章、第 4 章主要由郑祥负责撰写,第 5 章则由我完成。郑祥是温州四中负责创客教育的教师,他 2012 年参加工作后就和我

"师徒结对",开始研究 App Inventor、Arduino 等技术,是国内最早进入创客教育领域的中小学教师之一,在国内创客教育圈内已经小有名气。张洁是南京师范大学的教育技术硕士(现为南京市第十三中学教师),2014 年开始在温州中学实习,并开设 App Inventor 课程。这两位教师在 App Inventor 方面都积累了大量的教学经验。

因为我工作繁忙,在书的目录设计方面考虑不太周到,让郑祥和张洁多走了一些弯路,做了些无用功。在长达一年多的编写时间中,我们不断推翻原稿,增加新内容,收获还是很多的。关于 App Inventor 和 Arduino、Web 的互动,是本书的亮点所在。我们希望广大创客教师能从本书中得到启发:只有软硬结合,才能做出更多有趣的创客作品。我们尤其不希望大家仅把 App Inventor 看成一款学习编程的软件,而是希望中小学生能够通过对手机中各种传感器的研究,以及对手机能支持的开源硬件的研究,设计出各种创意应用。

感谢南京师范大学的刘正云同学为本书做了认真的审读,并提出了宝贵的意见。感谢丛书主编郑剑春老师,能容忍我们一而再、再而三的拖稿,最后还给这本书很高的评价。也感谢我的儿子谢集,书中有几个案例是他编写的。因为他对编程的喜欢,才让我有了更大的决心去做儿童编程的推广工作。

由于水平有限,书中难免存在疏漏和不足,恳请读者批评指正。

书中涉及的全部软件和源文件,都可以在我的博客上下载(博客地址: http: //blog.sina.com.cn/xiezuoru),部分工具还会继续更新。欢迎发送邮件到 xiezuoru@ vip.qq.com,期待得到你们真挚的反馈。

谢作如

2016 年 5 月

# 目　录

# 第1章 Android 和 App Inventor

美国克莱蒙特大学德鲁克曾经说过："预测未来的最好方式就是去创造未来。"对着朝夕相处的智能手机时，你有没有想过有一天借助它改变生活？本章中，首先了解 Android 系统的发展史，再了解其强大的功能。当然，重点要关注 Android 图形化编程平台 App Inventor 2。

## 1.1 Android 简介

### 1.1.1 智能手机与 Android 系统

智能手机已成为现代生活通信领域中必不可少的工具之一，它改变了人们的生活方式。智能手机(Smart Phone)是指具有独立的操作系统，可通过安装应用软件、游戏等程序来扩充功能的手机，其运算能力与功能远比传统手机强大。智能手机的操作系统有谷歌公司开发的 Android(安卓)系统、苹果公司的 IOS 系统、黑莓公司的 Blackberry 系统、微软的 Windows Phone 系统、火狐的 Firefox OS 系统和其他一些嵌入式 Linux 系统等。目前 Android 当仁不让，在手机系统市场中占据最大份额，已然成为全球应用最具影响力的手机操作系统。

Android 操作系统是由 Google 公司基于 Linux 内核推出的一款移动操作系统，具有 Linux 开源的特点，采用多任务处理，图形界面设计更加精美华丽。最初由安迪·鲁宾 (Andy Rubin)等人开发制作，2007 年 11 月 5 日，由 Google 发起的开放手持联盟(Open Handset Alliance)发布了名为 Android 的开放手机软硬件平台。Android 从英文 "Android(机器人)"一词音译过来。不过 Android 一词最早出现于法国作家利尔亚当 (Auguste Villiers de l'Isle-Adam)在 1886 年发表的科幻小说《未来夏娃》(*L'ève Future*) 中。他将外表像人的机器(机器人)起名为 Android。

Android 操作系统曾有两个内部版本，并且以著名的机器人名称来对其进行命名，分别是阿童木(Astro)和发条机器人(Bender)。后来为避免商标问题，Google 公司以诱人的甜品食物对 Android 各代系统进行标识命名。将这些甜点以大写首字母按顺序进行排列，分别是纸杯蛋糕(Cupcake)、甜甜圈(Donut)、闪电泡芙(éclair)、冻酸奶(Froyo)、姜饼 (Gingerbread)、蜂巢(Honeycomb)、冰激凌三明治(Ice Cream Sandwich)、果冻豆(Jelly Bean)、奇巧(KitKat)、棒棒糖(Lollipop)。如图 1-1 所示，Android 操纵系统的名字就像是一个甜品盛宴。

图 1-1　Android 系统的各代标识

### 1.1.2　Android 系统的广泛应用

由于 Android 操作系统的开放性和可移植性,它可以被应用在智能手机、上网本、平板计算机、电视、机顶盒、电子书阅读器、MP3 播放器、MP4 播放器、掌上游戏机、家用主机、电子手表、电子收音机、汽车设备、导航仪、DVD 等各种电子产品上。

1. Android 可穿戴设备(Android Wear)

Android 可穿戴是一个专为智能手表等可穿戴设备设计的 Android 系统分支。可穿戴设备即直接穿在身上,或是整合到用户的衣服或配件上的一种便携式设备,如图 1-2 所示。通过可穿戴设备,用户可以随时随地获取信息,从社交网络、语音短信、购物消费、新闻消息到图片分享等。如果嫌触屏输入麻烦,还可以用语音来完成任务。此外,可穿戴设备更炫酷的功能之一是其可以进行个人健康信息的监测。戴上它就可以实时追踪统计并反馈你的健康数据信息。该设备还可以在危急时刻救人性命,就像一个完美的家庭医生。

图 1-2　多样的 Android 可穿戴表

**2. Android 智能家电**

只要拿着自己的手机或平板计算机轻轻一点或者对其说话，就能够控制家里的电视机、电冰箱、微波炉等各种家用电器。这不再只是科幻电影或者小说里的场景，Android系统已经让这些幻想变成可能，如图 1-3 所示。目前智能家电的价格还比较高，随着技术的不断成熟完善，相信 Android 智能家电终将"飞入寻常百姓家"。

图 1-3　Android 智能家电

**3. Android 车载(Android Auto)**

Android 车载主要有 5 个功能类别，分别是谷歌地图、电话＋联系人、浏览记录、音乐、汽车状态，如图 1-4 所示。它的启动方式十分简单：只需用一根普通的数据线将任意装有 Android 车载的 Android 手机(平板)和汽车相连接即可。Android 车载与手机中所

图 1-4　Android 车载

有的应用程序都是同步的,如果手机中的软件有更新或更换新的手机时,Android 车载也会随之自动升级。这是该系统的最大优势,用户再也不用每两年更新一次导航数据库,也不用忍受过时的 Android 车载技术。因为不管你的车有多旧,Android 车载软件永远是最新的。

2015 年第一款搭载 Android 车载的量产车型面世,用户将 Android L 及更新版本的手机插入车的 USB 接口体验这套由 Google 带来的智能驾驶体验。Google 称 2016 年登陆 40 款车型将使 Android 车载覆盖"全球",并支持更多应用,Android 车载前景相当乐观。

**想一想**

你认为未来 Android 系统还可以应用在哪些方面?

## 1.2 Android 的应用开发工具

### 1.2.1 Android 常见开发工具

Google 公司提供了各个主要平台(Windows、Mac、Linux)兼容的开发工具包。该开发工具包中包含了 Android 手机模拟器,即使没有 Android 手机或 Android 平板,也能够在计算机上完成对所有的手机应用程式开发。Android Studio 与 Eclipse ADT 是常见的两个开发工具,基于开源的 Eclipse 具有大量的用户,而 Google 公司主推的 Android Studio 则得到官方的强力推荐。

#### 1. Eclipse ADT

Eclipse 是一个基于 Java 平台的可扩展开源开发平台。最初的 Eclipse 是 IBM 公司开发的替代商业软件 Visual Age for Java 的下一代 IDE 开发环境,2001 年 11 月贡献给开源社区,现在它由非营利软件供应商联盟 Eclipse 基金会(Eclipse Foundation)管理。要想进行 Android 程序的开发,需要安装一个开发环境,即安装 Android Development Tools 插件。Android 应用程序开发环境一般采用 Java JDK(Java 开发环境)、Eclipse 和 Android SDK(Android 专属的软件开发工具包)模式。

#### 2. Android Studio

Android Studio 是一项全新的基于 IntelliJ IDEA 的 Android 开发环境。类似于 Eclipse ADT 插件,Android Studio 提供了集成的 Android 开发工具用于开发和调试。在 IDEA 的基础上,Android Studio 还提供了以下功能。

(1) 基于 Gradle 的构建支持。

(2) Android 专属的重构和快速修复。

(3) 提示工具以捕获性能、可用性、版本兼容性等问题。

(4) 支持 ProGuard 和应用签名。

(5) 基于模板的向导来生成常用的 Android 应用设计和组件。

（6）功能强大的布局编辑器,可以让用户拖拉 UI 控件并进行效果预览。

Android Studio 一经推出便迅速受到 Android 开发者的青睐。2015 年 5 月 29 日,在谷歌 I/O 开发者大会上,谷歌发布 Android Studio 1.3 版,支持 C++ 编辑和查错功能。

### 1.2.2　Android 图形化开发工具

从影音播放、社交网络、聊天通信、日常生活、办公学习、拍照、美图甚至网购支付等,Android 系统的应用已经深入到人们生活中的点点滴滴。那么,你是否萌生过这样的念头:亲自动手制作一个手机应用程序,然后和家人、朋友甚至全世界的人一起分享你的应用程序。或许你底气不足,想到编程就头皮发麻。其实你无须担心,以 App Inventor 为代表的图形化开发工具,为零代码基础的人们带来了福音。

App Inventor 是一个基于云端的,以图形化形式编程的手机应用程序开发环境。它将枯燥的代码编程方式转变为积木式的图形化编程,同时不同功能代码的积木颜色也不同,这使手机应用程序的开发变得简单而有趣。即使不懂得编程语言的人,也可以开发出属于自己的手机应用程序。

最初的 App Inventor 由 Google 实验室于 2010 年 7 月推出,2011 年 8 月对外开放源代码。随后交由麻省理工学院移动学习中心(The MIT Centre for Mobile Learning)开发,于 2012 年 3 月对外开放使用,并更名为 MIT App Inventor。2013 年 12 月 3 日,App Inventor 2(简称 AI2)问世,其新版主页口号是 "Your idea, Your design, Your apps, Invent Now",其图标如图 1-5 所示。之前的版本称为 App Inventor Classic 或者 App Inventor 1,版本之间互不兼容。

图 1-5　App Inventor 2 图标

与 App Inventor 1 相比,App Inventor 2 的最大优势在于其用 Blockly 取代了原来基于 Java 的积木编辑器,不需要安装插件,兼容性更好。Blockly 是 Google 发布的完全可视化的编程语言,类似 MIT 的儿童编程语言 Scratch,并且可以很好地运行在浏览器端。无须其他准备,打开浏览器就可以通过类似玩乐高玩具的方式,把一块块图形对象拼接起来即可构建出应用程序。

**想一想**

　查阅资料,了解更多的 Android 开发工具,重点关注基于 HTML 5 的一些开发工具,如 WeX5、Maka 等,并讨论这些工具和 App Inventor 的区别。

## 1.3 App Inventor 2 概述

### 1.3.1 App Inventor 2 可以做什么

手机上常见的小游戏,如愤怒的小鸟、切水果、俄罗斯方块等,几乎都可以用 App Inventor 2 开发完成。除了开发小游戏,还可以编写各种小工具。建议初学者从"学习检测教育软件""音乐制作""视频播放""语音识别"等几个方面去开发应用程序。

虽然是图形化编程平台,但是 App Inventor 2 的功能一点都不弱。如果将手机应用程序的开发与网络相结合,App Inventor 2 甚至可以设计微博、QQ 应用、手机支付等移动应用程序。结合使用其他编程语言平台,App Inventor 2 能完成更多复杂有趣的应用。App Inventor 2 的具体应用如图 1-6 所示。

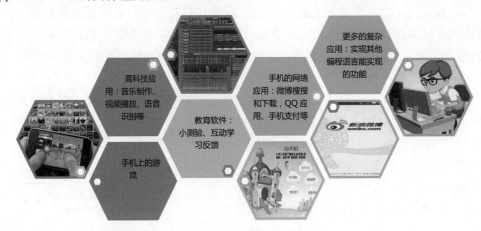

图 1-6　App Inventor 2 应用

### 1.3.2 App Inventor 2 在中国

国内的 IT 界、教育界人士一直关注着 App Inventor 2 这一新的 Android 应用开发工具,越来越多的学校以选修课的形式将 App Inventor 2 纳入课程体系,如汕头大学、中山大学、四川文理学院、哈尔滨工程大学等。除了高校外,部分省市也在中学积极推广 App Inventor 2,如杭州市普通教育研究室以精品课程的形式在全市高中推广,温州市教学研究院和电教馆针对各个学校的创客指导师开展了 App Inventor 2 的培训活动,北京、金华、南京和广州等地都有学校开设了 App Inventor 2 方面的课程。

为了让 App Inventor 2 在中国得到更好的推广,麻省理工学院为国内使用者专门搭建了备用服务器(http://contest.appinventor.mit.edu/)。自由职业人金从军老师(网名:"老巫婆")为 App Inventor 2 的推广做了大量的工作。金老师翻译了 David Wolber 等著的 *App Inventor—Create Your Own Android Apps* 一书,并以 CC 协议的形式开源;翻译了《App Inventor 2 中文参考手册》;汉化了 App Inventor 2 编程平台,并提供编程体验服务器地址等。她还借助新浪博客(http://blog.sina.com.cn/jcjzhl)平台分享自己的学习心得,与众多 App Inventor 2 爱好者在线交流。在她的影响下,越来越多的人加入 App Inventor 2 的编程之旅。

《App Inventor 2 中文参考手册》：http://www.17coding.net/reference/。

*App Inventor—Create Your Own Android Apps* 中文版：http://www.17coding.net。

App Inventor 2 编程体验地址：http://ai2.17coding.net。

2014 年前后,国内网络无法正常访问 MIT 的服务器。考虑到备用服务器的速度太慢,国内开始有爱好者提供 App Inventor 2 离线版本。其中,影响力比较大的主要有金从军老师的中文汉化版和四川文理学院黄仁祥的离线版开发平台。

2014 年 9 月 14 日,MIT 推出了 App Inventor 2 中文版本(含简体和繁体)。同年 10 月,在华南理工大学和美国麻省理工学院的直接支持下,广州市教育信息中心部署了国内首台 App Inventor 2 全功能镜像服务器。广州市教育信息中心的 App Inventor 2 平台取消诸多限制,界面更加友好,一经推广就广受好评,目前已经成为全国 App Inventor 2 主要的应用中心。

广州市教育信息中心的 App Inventor 2 服务器地址：http://app.gzjkw.net。

**你学到了什么**

本章中,你学到了这些知识：
- Android 操作系统及其应用；
- 常见的 Android 应用程序开发工具；
- App Inventor 2 是一款基于浏览器的图形化编程平台；
- App Inventor 2 在国内的发展。

**动手练一练**

(1) 查找历年的 Google I/O 大会,了解 Android 系统和谷歌其他新技术的发展历程。

(2) 拿出一张白纸,写下你想用 App Inventor 2 开发的应用,并画出你要的 App 界面,以及各种功能说明。

(3) 查阅资料,尝试自主搭建 App Inventor 2 离线开发环境。

(4) 查阅资料,比较 Eclipse ADT、Android Studio、App Inventor 2 有何不同,你觉得 Android Studio 是否会取代 Eclipse ADT?

(5) 访问 http://www.17coding.net,尝试编写一段 App。

# 第2章 初识 App Inventor 2

## 2.1 App Inventor 2 环境搭建

App Inventor 2(简称 Ai2)是完全基于云端的 Android 应用程序开发平台(也叫作云端开发)。通过浏览器登录 Ai2 云端官方服务器(http://ai2. appinventor. mit. edu)或备用服务器(http://contest. appinventor. mit. edu),即可快速完成 Android 应用程序的开发。浏览器方面,推荐使用 Google 浏览器、火狐浏览器等。本书以广州教育信息中心搭建的服务器为例进行环境搭建。

### 2.1.1 账户申请

App Inventor 2 平台的登录需要一个账号,以便个人手机应用程序的保存。首先访问网址 http://app. gzjkw. net,单击下方"申请新账号/重设密码"链接,进入"注册新账号或修改密码"界面,输入电子邮箱账号,并填写相关注册信息,注册系统会根据注册用户所填信息进行邮箱验证。完成账号的注册后,就可登录 App Inventor 2 开发平台了。此外,该平台还支持使用 QQ 账号进行登录。App Inventor 2 平台登录界面如图 2-1 所示。

图 2-1　App Inventor 2 平台登录界面

### 2.1.2 登录 App Inventor 2

在浏览器地址栏中输入 http://app.gzjkw.net 并按 Enter 键,进入登录界面,利用申请成功的账户名和密码完成登录。第一次登录 App Inventor 2 开发平台时,会出现"条款提示"的提醒界面,单击"我接受以上条款"即可进入 App Inventor 2 的开发界面,如图 2-2 所示。

图 2-2　App Inventor 2 开发界面

### 2.1.3 App Inventor 2 程序调试

编程离不开调试,App Inventor 2 应用程序需要在安卓手机上运行,相对来说,调试程序比 Vb、Scratch 之类要麻烦一些。经过总结,有以下 3 种方式可供参考,具体介绍如下。

1. 应用程序调试方法一: 通过 Wi-Fi 通信在 Android 手机或平板中完成调试

利用该方法进行调试,开发者可实时观察到应用程序在 Android 设备上的运行效果。但前提是 Android 设备上要事先安装"AI 伴侣"应用程序,并且该 Android 设备支持网络的访问。

"AI 伴侣"下载地址: http://app.gzjkw.net/companions/MITAI2Companion.apk。

具体操作步骤如下。

(1) 在 Android 设备上,运行"AI 伴侣"。

(2) 在浏览器端的 App Inventor 2 开发环境中单击"连接(Connect)"→"AI 伴侣(AI Companion)",系统将自动生成一个二维码及二维码所对应的 6 位字母编码,如图 2-3 所示。

(3) 启动 Android 设备中已安装的"AI 伴侣"应用程序,直接输入该 6 位编码并单击 Connect with code 或者扫描二维码,设计好的应用程序将直接在 Android 设备的内存中运行。

图 2-3　App Inventor 2 二维码

### 2. 应用程序调试方法二：使用模拟器完成对应用程序的调试

若没有手机或平板电脑等 Android 设备，可以采用 App Inventor 2 开发平台自带的模拟器来完成对应用程序的调试。该模拟器是用于测试应用程序的 Android 模拟运行环境，并不能完全模拟 Android 设备的功能，如加速度传感器、GPS 定位传感器等。若使用模拟器来运行和调试开发者设计的应用程序，则须先在计算机上安装相应的"模拟器服务器"软件，具体操作步骤如下。

（1）下载并安装 App Inventor Setup 软件包（又名 Ai2 Starter，下载地址：http://appinv. us/aisetup_windows）。双击启动该软件包，按照软件安装向导进行安装（注意：必须使用管理员权限启动并安装该软件包）。通常情况下，App Inventor 2 Setup 软件会以默认的路径进行安装，但若安装该软件时出现询问软件安装路径时，请直接输入 C: \Program Files\Appinventor\ commands-for-Appinventor 进行安装即可。若计算机操作系统为 64 位，请将 ProgramFiles 替换为 ProgramFiles(x86)。完成该软件的安装后，计算机桌面将出现 Ai2 Starter 图标，如图 2-4 所示。

图 2-4　Ai2 Starter 图标

（2）启动 Ai2 Starter。Ai2 Starter 是 App Inventor 2 开发平台的辅助服务器，用于 App Inventor 2 开发平台上 App 应用程序调试，同时也是启动 App Inventor 2 开发平台模拟器的服务器。双击图 2-4 中的 Ai2 Starter 图标，即可启动该辅助服务器，图 2-5 所示的窗口即是启动完成的"辅助服务器"。

（3）启动 App Inventor 2 开发平台模拟器调试 App 应用程序。在 App Inventor 2 开发平台中单击"连接"菜单中的"模拟器"命令，稍等片刻即可出现一个对话框（提示：正在连接模拟器，可能需要几分钟时间）。与此同时，在 Ai2 Starter 服务器窗口中会更新一些模拟器启动的信息。在 Ai2 Starter 服务器的运行下，手机模拟器将逐步启动并运行，图 2-6 所示为运行的模拟器，与 Android 手机界面相似。成功启动模拟器后，在接下去的

图 2-5　Ai2 Starter 辅助服务器启动界面

图 2-6　模拟器

跟我学 App Inventor 2

几分钟内,服务器会虚拟出一个SD卡(从模拟器顶部的标题栏中可以看到相应的提示信息),并将被调试的 App 应用程序在该模拟器中运行。

3. 应用程序调试方法三:通过 USB 数据线连接 Android 设备与计算机进行调试

Android 设备端设置如下。

(1) 下载并安装"AI 伴侣"应用程序。

(2) 开启 Android 设备的 USB 调试模式:设置→开发者选项→开启"USB 调试"模式;若未找到"开发者选项",请参考"小提示"尝试进行设置。

(3) 运行 Android 设备中的"AI 伴侣"应用程序。

(4) 连接 Android 设备与计算机。

### 小提示

使用 USB 进行调试时,整个调试过程顺利与否取决于很多因素,若 USB 调试失败,可以参考以下 3 个方面进行排查。

(1) 计算机端安装和运行辅助服务器 Ai2 Starter 时,必须"以管理员身份运行",Ai2 Starter 辅助服务器的安装路径为默认路径。

(2) Android 设备端须开启 USB 调试模式。在 Android 4.2 及更高版本的 Android 设备中,"开发者选项"默认为隐藏,可通过以下步骤使其可见:设置→关于 Android 设备→版本号,连续单击若干次(一般四五次或更多),返回即可看到显示的"开发者选项"。

(3) 用 USB 数据线连接上计算机的 Android 设备,在计算机上成功安装驱动程序,如图 2-7 所示。

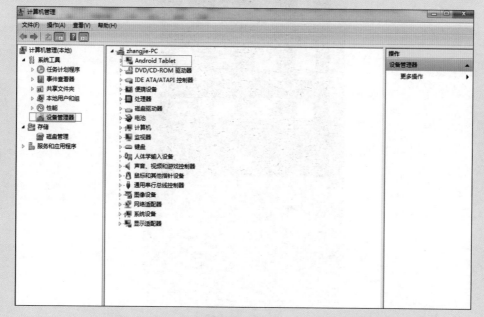

图 2-7  在计算机上成功安装 Android 设备驱动程序

以上 3 种调试方法中,利用 Wi-Fi 通信在 Android 设备中进行 App 应用程序的调试方式相对更方便且更高效。通过此方法进行调试,开发者可以实时观察 App 应用程序在 Android 设备中的运行效果。此外,在 Android 设备端安装"豌豆荚"等软件也可以对 App 应用程序进行扫码安装,从而在 Android 设备端完成对 App 应用程序的调试。

### 2.1.4　App Inventor 2 操作界面

App Inventor 2 开发平台的菜单栏主要有"项目""连接""打包 apk""帮助"等菜单,如图 2-8 所示。

图 2-8　App Inventor 2 操作界面

App Inventor 2 开发平台的菜单栏中,每个菜单的具体选项及其功能如表 2-1 所示。

表 2-1　App Inventor 2 开发平台菜单栏

| 菜单 | 选项(中文名) | 选项(英文名) | 功　能 |
|---|---|---|---|
| 项目 | 我的项目 | My project | 显示所有项目 |
| | 开始新项目 | Start new project | 新建 |
| | 导入项目 | Import project (. aia) from my computer | 导入 |
| | 保存项目 | Save project | 保存 |
| | 项目另存为 | Save project as... | 另存 |
| | 导出所有项目到计算机 | Export all projects (. aia) to my computer | 导出 |
| | 上传密钥 | Import keystore | 在应用商店(Play Store)更新应用时必须使用同一密钥 |
| | 下载密钥 | Export keystore | |
| | 删除密钥 | Delete keystore | |
| 连接 | AI 伴侣 | AI companion | 开发测试(调试) |
| | 模拟器 | Emulator | |
| | USB 端口 | USB | |
| | 重置连接 | Reset Connection | 重置 |
| | 强行重置 | Connection | 强行重置 |
| 打包apk | 打包 apk 并显示二维码 | App(provide QR code for . apk) | 扫描二维码即可安装 App |
| | 打包 apk 并下载到计算机 | App(save . apk to my computer) | 将 App 下载到本地计算机 |
| 帮助 | 关于 | About | 介绍 |
| | AI 同伴信息 | Companion Information | AI 伴侣的信息 |
| | | Update the Companion | 更新 AI 伴侣 |
| | | Show Splash Screen | 显示启动画面 |

App Inventor 2 开发平台有 3 个操作界面,分别为项目界面、组件设计界面、逻辑设计界面。

（1）项目界面。在该界面,开发者所设计的 App 应用程序项目将被清楚地陈列在"项目列表"中,如图 2-9 所示。开发者可以通过菜单栏中的"项目"菜单,对项目进行"新建""导入""删除""保存""另存""导出""上传密钥""下载密钥""删除密钥"等操作,其中"保存"和"另存"的项目操作须在打开的项目中进行。

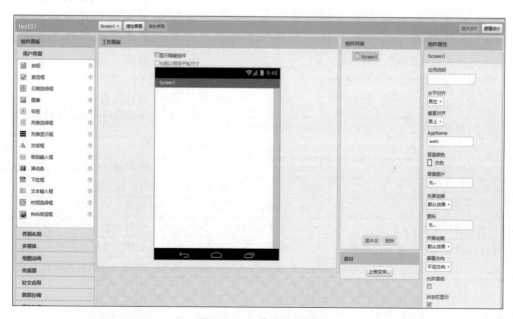

图 2-9　项目界面

（2）组件设计界面。新建项目或者单击任何已经建立的项目时就可以进入该界面,如图 2-10 所示。

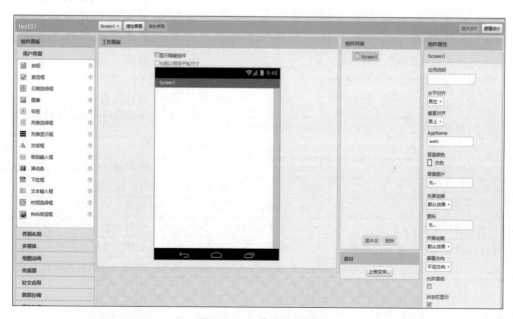

图 2-10　组件设计界面

组件设计界面又称为 UI 界面,也称为设计界面,用于设计应用程序的运行界面。换言之,是使用者直接能够看到的界面。设计界面主要由以下 5 个面板组成。

① 组件面板（Palette）：在该面板中可以选择"应用程序"编写所需要的组件,并将其

拖曳至"工作面板"中进行设置。

② 工作面板(Viewer)：按照"所见即所得"的工作原理，该面板中组件放置及布局的效果与 App 应用程序运行的效果基本一致。

③ 组件列表面板(Components)：开发者设计 App 应用程序时所添加的组件。

④ 素材面板(Media)：开发者可将所需的素材上传至该面板中，供开发时随时调用。

⑤ 组件属性面板(Properties)：用于设置组件列表中各组件的属性。

(3) 逻辑设计界面。单击右上角的"逻辑设计"按钮即可进入逻辑设计界面，也可理解为"程序编辑界面"，如图 2-11 所示。

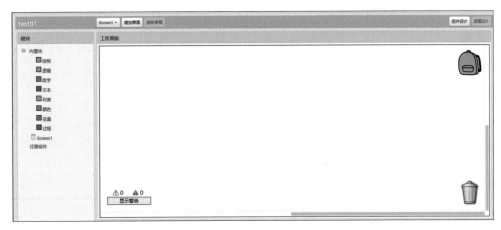

图 2-11　逻辑设计界面

App 应用程序的"逻辑设计"部分其实就是 App 应用程序的编程部分。在逻辑设计界面中，左侧为模块面板(Blocks)，右侧为工作面板，如图 2-11 所示。开发者可根据 App 应用程序设计的实际需要从左侧的"模块面板"中将相应功能的模块拖曳至"工作面板"中来完成相应的功能，不同编程模块的合理拼接可实现应用程序的不同功能。在工作面板中，左下角为显示程序错误等信息的"显示警告"图标，右上角的书包图标可以用于临时存储部分程序，右下角的垃圾桶图标用于删除程序，如图 2-12 所示。

图 2-12　逻辑设计界面中的工作面板

在逻辑设计界面，开发者可以通过快捷键的方式对所选模块进行复制、粘贴、删除等操作，具体快捷键及其功能如表 2-2 所示。

表 2-2　逻辑设计界面中的快捷键及功能

| 快　捷　键 | 功　　能 |
| --- | --- |
| Ctrl＋C | 复制所选模块 |
| Ctrl＋V | 粘贴所选模块 |
| Delete | 删除所选模块 |
| Ctrl＋鼠标滚轮 | 放大/缩小逻辑设计界面 |

当光标悬停在某一模块上时，光标旁边将出现该模块的功能说明，如图 2-13 所示。

图 2-13　"如果……则……"模块的使用说明

当右击该模块时，将出现相应的操作菜单，具体如表 2-3 所示。

表 2-3　模块右键菜单

| 菜单名（英文） | 菜单名（中文） | 功　　能 |
| --- | --- | --- |
| Add Comment | 添加注释 | 添加注释，便于理解修改 |
| Collapse Block | 折叠所有块 | 折叠模块，节省视图空间 |
| Expand Block | 展开代码块 | 展开被折叠的模块 |
| Disable Block | 禁用代码块 | 当前模块禁用，用于测试 |
| Delete Block | 删除代码块 | 删除模块 |

## 2.2　我的第一个 App

Android 设备的应用程序五花八门，种类繁多，这些应用程序都极大地丰富了我们的学习、生活与工作。Android 设备应用程序的广阔前景，使得越来越多的开发人员将时间与精力投入 Android 应用程序的开发中。而 App Inventor 2 则为那些没有计算机编程基础的人群，提供了一个为自己想法代言的机会——即使不懂编程语言，也可以动手制作属于自己的 App 应用程序。

是不是已经跃跃欲试了？那么，就让我们一起来完成第一个 Android 应用程序——小猫喵喵。"小猫喵喵"应用程序由小猫图片和小猫声音部分素材组成，功能为：当单击小猫图片时，应用程序发出"喵喵"的猫叫声。"小猫喵喵"应用程序的运行界面如图 2-14 所示。

在开始本案例的学习与制作之前，需要确认计算机上 App Inventor 2 开发平台的各个服务器已经开启并正常工作。

图 2-14　程序运行界面

### 2.2.1　新建项目

（1）使用谷歌浏览器登录 App Inventor 广州服务器，网址：http://app. gzjkw. net，输入正确的账号和密码后，即可进入在线版 App Inventor 2 的开发平台界面。

（2）单击项目界面左上角"新建项目"按钮，出现一个对话框，要求输入新建项目的名称，如图 2-15 所示。

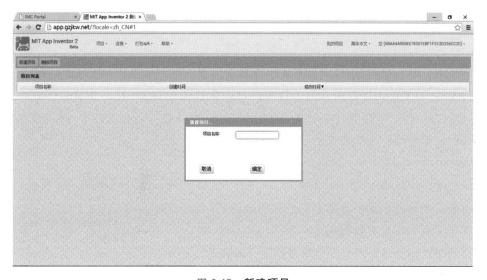

图 2-15　新建项目

注意：项目名称必须以字母开头，名称中可以包含字母、数字和下画线。目前版本的 App Inventor 2 暂不支持项目的中文命名。

本例将以 HollowMowStar 为例进行项目的命名，完成输入后单击"确定"按钮即可新建该项目，并进入该项目的设计界面，如图 2-16 所示。

图 2-16　项目设计界面

## 2.2.2　界面设计

在设计界面左侧的组件面板中，可以选择 App 应用程序开发所需的组件，并将其拖曳至工作面板中，选中需添加的组件以后，还可以在右侧的属性面板中设置该组件的属性。本案例中所需的组件及属性设置如下。

### 1. Screen 组件

完成项目的新建后，组件列表面板中会默认生成一个 Screen1 组件，相当于应用程序的运行界面，开发应用程序所需的其他组件都会默认添加至 Screen1 组件中。选中该组件后，可在"组件属性"面板中查看或设置该组件的属性；在"工作面板"中，即可观察到部分组件属性被修改后呈现的效果，如背景颜色、标题。

Screen1 组件的属性设置如下。

（1）设置 Screen1 组件的"水平对齐"属性为"居中"，如图 2-17 所示。此时，Screen1 组件中的其他组件在水平方向上都会居中放置，其目的是让应用程序界面的布局更加美观。

（2）设置 Screen1 组件的"背景图片"属性为"无"，如图 2-18 所示。单击 Screen1 组件的"背景图片"属性，在弹出相应的对话框中，开发者也可以自行添加背景图片素材。除

图 2-17　Screen1 组件"水平对齐"属性设置

"背景图片"属性外,还可设置 Screen1 组件的"背景颜色"属性,且"背景颜色"属性的显示优先级高于"背景图片"属性。具体而言,若要显示"背景图片"的效果,须先设置"背景颜色"属性为"无"。

2. "按钮"组件

如何实现单击小猫图片发出"喵喵"的声音呢?要实现此功能,须借助"组件面板"中"用户界面"选项卡下的"按钮"组件。

图 2-18　Screen1 组件"背景图片"属性设置

"按钮"组件的常用属性如表 2-4 所示。

表 2-4　按钮组件常用属性

| 属　　性 | 说　　明 |
| --- | --- |
| 图像(Backpicture) | 设定组件的背景图片 |
| 高度(Height) | 设定组件高度 |
| 宽度(Wide) | 设定组件宽度 |
| 显示状态(Visible) | 设定是否在屏幕中显示 |
| 文本(Text) | 设定显示的文字 |
| 文本对齐(TextAlignment) | 设定文字对齐方式(left:左;center:置中;right:右) |
| 文本颜色(TextColor) | 设定文字颜色 |

图 2-19　Button1 组件图像属性设置

设置"按钮"组件的"图像"属性为备好的图片素材 cat.jpg,如图 2-19 所示。注意:"按钮"组件 Button1 的"文本"属性若设置为空,效果会更好。

3. "标签"组件

完成"按钮"组件的添加后,应用程序需要一个解释说明的功能,用到的是"组件面板"中"用户界面"选项卡下的"标签"组件。

设置"标签"组件的"文本"属性为"点击图片有惊喜哦!"。

4. "音效"组件

若要完成小猫发出"喵喵"的声音,还需要添加"组件面板"中"多媒体"选项卡下的"音效"组件。

"音效"组件为非可视组件,其最重要的属性为"源"属性。设置"音效"组件的"源"属性为音频素材 My Destiny.mp3。注意:开发者也可以使用自行准备的音频素材。

完成以上组件的设置,就成功完成了本案例的界面设计,如图 2-20 所示。

图 2-20　界面设计

### 2.2.3　编程实现

单击 App Inventor 2 开发平台右上角的"逻辑设计",则可进入逻辑设计界面进行程序的编写。本案例的功能较为简单,即单击小猫图片,发出"喵喵"的猫叫声,用到了"按钮"组件和"音效"组件,具体编程如图 2-21 所示。

图 2-21　参考程序

### 2.2.4　程序调试

要完善 App 应用程序的功能,需要不断地进行调试,查看应用程序的运行效果。App Inventor 2 开发平台提供了 3 种调试方式,这 3 种方式所需的准备工作及其操作已在 2.1 节中详细介绍。可以选择合适的方式来进行调试。

---

试一试:

(1) 请尝试修改本案例中所用到组件的其他属性,思考这些属性都有什么作用。

(2) 请在程序中添加一些其他组件,观察这些组件的外观,修改这些组件的属性,思考这些组件的用途。

---

## 2.3　基本组件与运算

### 2.3.1　基本组件

App Inventor 2 开发平台中常用的组件除了 2.2 节中所涉及的"按钮""标签""音效"组件外,还有其他组件的支持。

1. 常用的"用户界面"组件

(1)"文本输入框"组件

用户可以使用"文本输入框"组件修改组件中输入的文字,所输入的文字将存储于该组件的"文本"属性中。"文本输入框"组件经常与按钮组件搭配使用,用户输入文字后可通过按钮实现相应功能的跳转,"文本输入框"组件的常用属性如表 2-5 所示。

表 2-5　"文本输入框"组件属性

| 属　　性 | 说　　明 |
| --- | --- |
| 启用 | 设定元件是否可用及是否可以输入文字 |
| 粗体 | 设定文字是否显示粗体 |
| 斜体 | 设定文字是否显示斜体 |
| 大小 | 设定文字大小,预设值为 14 |
| 字形 | 设定文字字形 |
| 提示 | 设定提示文字,即尚未输入文字时显示的文字 |
| 仅限数字 | 设定是否只能输入数字 |
| 允许多行 | 设定是否可以输入多行文字 |
| 文本 | 设定显示的文字 |
| 文本对齐 | 设定文字对齐方式(left:左;center:置中;right:右) |
| 文本颜色 | 设定文字颜色 |
| 显示状态 | 设定是否在屏幕中显示元件 |

(2)"密码输入框"组件

用户在"密码输入框"组件中输入的内容将用"＊"代替显示,目的在于保护用户输入的密码,该组件是专为密码输入而设计的组件。"密码输入框"组件比"文本输入框"组件少两个属性,分别是"允许多行"属性和"仅限数字"属性,其他属性与"文本输入框"组件大致相同。

(3)"图像"组件

"图像"组件是用于显示图片的组件,其属性如表 2-6 所示。

表 2-6　"图像"组件属性

| 属　　性 | 说　　明 |
| --- | --- |
| 高度 | 设定组件高度 |
| 宽度 | 设定组件宽度 |
| 图片 | 设定要显示的图片 |
| 显示状态 | 设定是否在屏幕中显示 |

2. "界面布局"组件

（1）"水平布局"组件

"水平布局"组件中的其他组件在水平方向上从左到右水平排列，在垂直方向上则居中对齐。若组件的宽度超过屏幕范围，其超出部分将不被显示。添加"水平布局"组件后，其默认名称为"水平布局 1"，其属性如表 2-7 所示。

表 2-7　"水平布局"组件属性

| 属　　性 | 说　　明 |
| --- | --- |
| 水平对齐方式 | 设定水平对齐方式（左；置中；右） |
| 垂直对齐方式 | 设定垂直对齐方式（上；置中；下） |
| 显示状态 | 设定是否在屏幕中显示组件 |

（2）"垂直布局"组件

"垂直布局"组件与"水平布局"组件的作用相似，"垂直布局"组件中的其他组件在垂直方向上进行排列，在水平方向上则居中对齐。

（3）"表格布局"组件

若界面的布局方式较整齐，且组件众多时，可采用"表格布局"组件进行布局。开发者可以自行设定"表格布局"组件中表格的列数与行数，其属性如表 2-8 所示。

表 2-8　"表格布局"属性

| 属　　性 | 说　　明 |
| --- | --- |
| 行数 | 设定表格的行数 |
| 列数 | 设定表格的列数 |
| 显示状态 | 设定是否在屏幕中显示组件 |

### 2.3.2　基本运算

App Inventor 2 开发平台的运算可分为 3 类：数学运算、逻辑运算、字符串运算，且各类运算符之间无优先级别，表达式运算的顺序完全取决于模块的结构。

1. 数学运算符

（1）一般的数学运算为算术运算，主要包括加、减、乘、除等四则运算，数学运算符如表 2-9 所示。

表 2-9　数学运算符

| 拼　　块 | 意　　义 | 范　　例 | 运算结果 |
|---|---|---|---|
|  | 加法 |  6 + 2 | 8 |
|  | 减法 |  6 - 2 | 4 |
|  | 乘法 |  6 × 2 | 12 |
|  | 除法 |  6 / 2 | 3 |

若出现两种以上运算，则按照拼接模块的顺序进行，如图 2-22 所示，其运算结果显示为 15。

图 2-22　多运算顺序

（2）比较运算主要包括"大于""小于""等于""不等于"等，具体如表 2-10 所示。

表 2-10　比较运算符

| 拼　　块 | 意　　义 | 范　　例 | 运算结果 |
|---|---|---|---|
|  | 大于 |  3 > 5 | false |
|  | 小于 |  3 < 5 | true |
|  | 大于等于 |  3 ≥ 5 | false |
|  | 小于等于 |  3 ≤ 5 | true |
|  | 不等于：比较结果是否不同 |  3 ≠ 5 | true |
|  | 等于：比较结果是否相同 |  3 = 5 | false |

2. 逻辑运算符

逻辑运算主要包括与、或、非 3 种基本运算，分别对应 App Inventor 2 开发平台中的"并且""或者""否定"运算，完成运算后将返回一个运算结果。App Inventor 2 开发平台中还包含"等于/不等于"的比较运算，具体如表 2-11 所示。

表 2-11　逻辑运算符

| 拼　块 | 意　义 | 范　例 | 运算结果 |
|---|---|---|---|
| 否定 | 相反：传回与运算相反的结果 | 否定　6 > 4 | false |
| 并且 | 且：所有比较运算都是 true 的时候才返回 true；否则返回 false | 并且　6 > 4　8 > 9 | false |
| 或者 | 或：只要有一个比较运算是 true 的时候就返回 true；否则返回 false | 或者　6 > 4　8 > 9 | true |
| 等于 | 等于：比较是否相等 | 3 等于 5 | false |
| 不等于 | 不等于：比较结果是否不同 | 3 不等于 5 | true |

3. 字符串运算符

字符串运算包括对字符或字符串的"合并""分解"，是用于字符或字符串之间的运算。字符或字符串间的"合并"运算如图 2-23 所示，其运算结果为"Hello World"。

图 2-23　字符串运算符

### 2.3.3　基础任务 1——"温度转换器"

请利用本节中介绍的常用组件与常用运算，完成"温度转换器"应用程序——可实现摄氏度（CELSIUS EQUALS）与华氏度（FAHENHEIT EQUALS）之间的转换。华氏度与摄氏度的转换公式为：℉＝℃×1.8＋32，℉代表华氏度，℃代表摄氏度。该应用程序的运行界面如图 2-24 所示。

1. 组件设计

该应用程序由 Screen、垂直布局、按钮、标签、文本输入框 5 类组件组成。"垂直布局"组件用于界面布局，"标签 1""标签 2"组件用于解释说明，用户通过"摄氏度输入"文本输入框输入要转换的温度，"对应的华氏度"文本输入框用于显示已转换的华氏温度，"转换"按钮用于转换温度，"清除"按钮用于重置该 App 应用程序。各组件的具体属性设置及其位置放置如表 2-12 所示。

该应用程序的组件设计界面如图 2-25 所示。

表 2-12  组件设计

| 组件放置 | 组 件 | 面板组 | 组件命名 | 组件属性 |
|---|---|---|---|---|
| 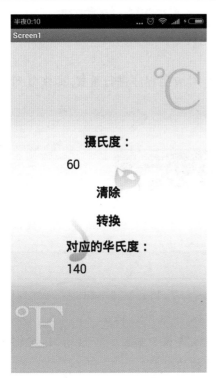 | Screen | 默认 | Screen1 | AppName：Temperature 水平对齐：居中 垂直对齐：居中 |
| | 垂直布局 | 布局 | 垂直布局 1 | 水平对齐：居中 高度：自动 |
| | | | 垂直布局 2 | 水平对齐：居中 高度：自动 |
| | 按钮 | 用户界面 | 转换 | 文本：转换 |
| | | | 清除 | 文本：清除 |
| | 标签 | 用户界面 | 标签 1 | 文本："摄氏度：" |
| | | | 标签 2 | 文本："对应的华氏度：" |
| | 文本输入框 | 用户界面 | 摄氏度输入 | 文本："提示：请输入摄氏度" |
| | | | 华氏度显示 | |

图 2-24  程序运行界面

图 2-25  组件设计

2. 逻辑设计

（1）屏幕初始化

"温度转换器"程序在启动运行时，需对各个组件的属性进行初始化，程序如图 2-26 所示。

图 2-26　屏幕初始化程序

（2）温度转换计算

用户通过"转换"按钮的"被点击（Click）"事件，触发对温度的转换，并将结果赋值给"华氏度显示"组件，如图 2-27 所示。

图 2-27　温度转换参考程序

（3）"清除"按钮——重新计算

用户通过"清除"按钮的"被点击（Click）"事件，对应用程序进行重置，即恢复到程序启动时的状态，其逻辑设计如图 2-28 所示。

图 2-28　参考程序

本案例是不是很简单啊？你也来动手试一试吧！

---

🐾 试一试：

（1）利用本节所讲知识，尝试制作一个登录界面，如图 2-29 所示。

（2）你了解变量吗？App Inventor 2 中变量定义与使用如图 2-30 所示，试着做一个能统计"按了多少下"的 App，通过一个变量来记录按的次数。

图 2-29 登录界面

图 2-30 变量定义与使用

# 2.4 变量与流程控制

## 2.4.1 变量

1. 变量概念

顾名思义,变量就是值可变的量,变量可以用于存储各种类型的数据。举一个简单的例子来说明数据和变量的关系:假设某人年龄 15,15 则为"数据",是"常量","年龄"为"变量",变量"年龄"的值可以变化而常量 15 不可改变。变量除了整数类型外,还有小数、字符和布尔等类型。在 App Inventor 2 中,使用变量的基本原则是:先定义、后使用。

在 App Inventor 2 开发平台中,变量的命名须按以下规则进行:变量命名时,须以字母或下画线开头。

变量的名称只能由字母、数字、下画线组成,不能包含空格、标点符号、运算符及其他符号。

2. 变量的定义与调用

在 App Inventor 2 中,变量的定义模块如图 2-31 所示,定义变量时可以"自定义"变量的名称,变量名一般突出该变量的意义。在定义变量时,须赋予变量初始值。

在 App Inventor 2 开发平台中,变量名改变时会自动更新被调用的变量模块,调用并获取变量值的模块如图 2-32 所示。

图 2-31 变量的定义

图 2-32 调用并获取变量值的模块

### 2.4.2 基础任务 2——"点我"

请利用本节中介绍的变量,完成"点我"App 应用程序——单击"点我"按钮,显示单击次数。该应用程序的运行界面如图 2-33 所示。

1.组件设计

该应用程序由:Screen、按钮、标签 3 类组件组成。各组件的属性设置及位置放置如表 2-13 所示。

表 2-13 组件设计

| 组件放置 | 组 件 | 面板组 | 组件命名 | 组件属性 |
|---|---|---|---|---|
| 组件列表<br>⊟ 🗌 Screen1<br>　　🔲 Button1<br>　　🅰次数 | Screen | 默认 | Screen1 | 背景图片:js.jpg |
| | 按钮 | 用户界面 | Button1 | 大小:14.0<br>文本:请点击此按钮 |
| | 标签 | 用户界面 | 次数 | 文本:0 |

该应用程序的组件设计界面如图 2-34 所示。

图 2-33 程序运行界面

图 2-34 组件设计界面

2. 逻辑设计

定义变量 i 并赋初值为 0。当 Button1 按钮被单击时，变量 i 增加 1，并将结果显示在"次数"标签组件中，具体的逻辑设计如图 2-35 所示。

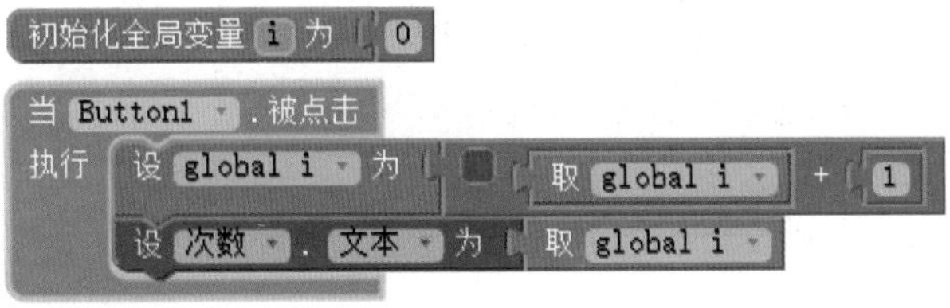

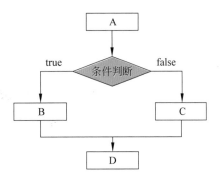

图 2-35　**参考程序**

### 2.4.3　流程控制的分支结构

计算机可根据不同条件进行逻辑判断，从而选择不同的程序流向。依据一定的条件选择执行路径的算法结构，叫作分支结构，也称为选择结构。分支结构适用于带有逻辑、关系比较等条件判断的程序。

如图 2-36 所示，当条件满足（true）时，执行的顺序序列为 A→B→D；当条件不满足（false）时，执行的序列为 A→C→D。

App Inventor 2 开发平台中的分支结构如表 2-14 所示。

图 2-36　**条件判断结构**

表 2-14　**分支结构**

| 拼　　块 | 意　　义 | 范　　例 | 运算结果 |
|---|---|---|---|
|  | "如果"条件为真，则执行 |  | 文本框显示"7 大于 5" |
|  | "如果"条件为真时执行"则"块内语句；否则执行"否则"块内语句 | 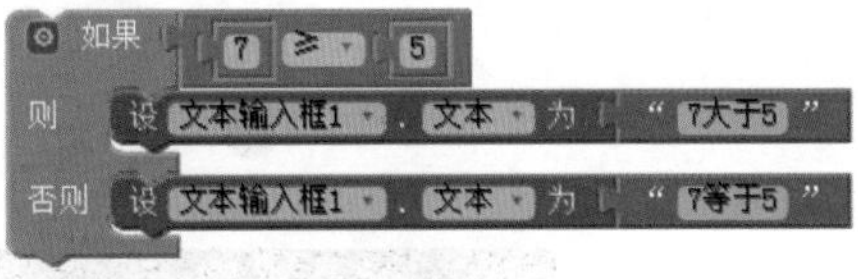 | 文本框显示"7 大于 5" |
|  | "如果"条件 1 为真时执行"则"块 1 内语句；否则条件 2 为真时执行"则"块 2 内语句；两个条件都不满足，则执行"否则"语句块 | 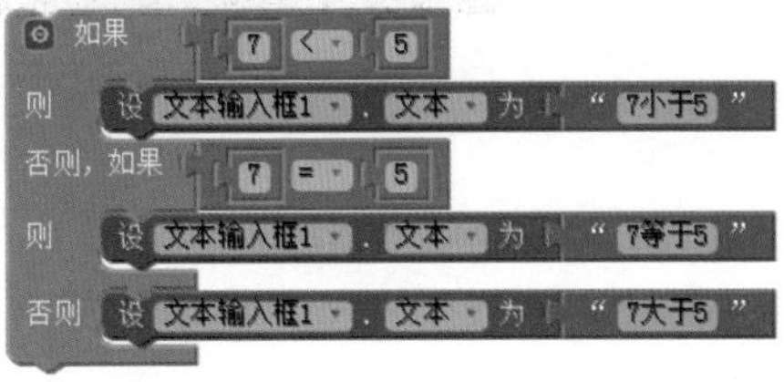 | 文本框显示"7 大于 5" |

借助基本运算中的"并且""或者"等运算符号,构建更加准确的表达式。下面的例子使用了"并且",当两个条件都成立时,标签 1 文本显示为 yes,否则显示为 no,如图 2-37 所示。

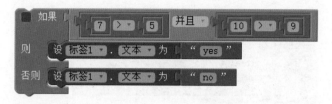

图 2-37 借助"并且"运算符号

### 2.4.4 基础任务 3——"计算成绩等级"

请利用本节中介绍的分支结构,完成"计算成绩等级"应用程序——单击"测试"按钮,显示分数对应的等级:85 分以上,显示"You are A Grade!";70~85 分,显示"You are B Grade!";低于 70 分,则显示"You need work hard!"。该应用程序的运行界面如图 2-38 所示。

图 2-38 程序运行界面

Ⅰ.组件设计

该应用程序由 Screen、水平布局、标签、文本输入框、按钮 5 类组件组成。各组件的属性设置及位置放置如表 2-15 所示。

表 2-15　组件设计

| 组件放置 | 组件 | 面板组 | 组件命名 | 组件属性 |
|---|---|---|---|---|
| **组件列表**<br><br>⊟ □ Screen1<br>　⊟ ▨ HorizontalArrangement1<br>　　Ａ SLabel<br>　　Ｉ ScoreTextBox<br>　□ Button1<br>　Ａ LevelLabel | Screen | 默认 | Screen1 | 背景图片：ks.jpg |
| | 水平布局 | 布局 | HorizontalArrangement1 | 高度：30 像素 |
| | 标签 | 用户界面 | SLabel | 大小：14.0<br>文本：请输入成绩：<br>粗体 |
| | | | LevelLabel | |
| | 文本输入框 | 用户界面 | ScoreTextBox | 大小：14.0<br>文本：0 |
| | 按钮 | 用户界面 | Button1 | 大小：14.0<br>文本：测试<br>粗体 |

该应用程序的组件设计界面如图 2-39 所示。

图 2-39　组件设计界面

2. 逻辑设计

在 ScoreTextBox 文本输入框中输入分数,当 Button1 按钮被单击时,进行分数等级的判断,并将结果赋值给 LevelLabel 标签组件,具体的逻辑设计如图 2-40 所示。

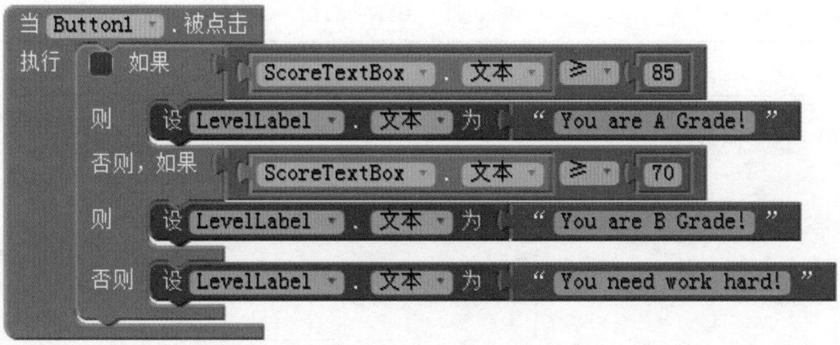

图 2-40　**参考程序**

### 2.4.5　流程控制的循环结构

计算机最擅长做的事情就是"重复"——像儿童一样不厌其烦地重复做一件事,而且重复的速度很快。"循环"是计算机解决复杂问题的主要手段,许多复杂的问题都可以分解为简单操作的重复执行。循环结构的工作原理是:首先进行条件判断,当判断结果为"真"时则循环执行程序语句;若条件不再满足时就跳出该"循环结构",执行循环结构外的下一个程序语句。

App Inventor 2 开发平台中有 3 种"循环结构"的控制模块,具体如表 2-16 所示。

表 2-16　**循环结构**

| 拼　　块 | 意　　义 | 范　　例 | 运算结果 |
|---|---|---|---|
|  | 计数循环,执行固定次数的循环 |  | sum＝1＋2＋3＋4＋5 |
|  | 逐项循环,专用于列表循环,执行固定次数循环 |  | shuji[5,6]变为 shuji[7,8] |
|  | 条件循环,执行不固定次数的循环 |  | sum＝1＋2＋3＋4＋5 |

### 2.4.6　基础任务 4——"计算前 *n* 个正整数的和"

请利用本节中介绍的循环结构,完成 App 应用程序——在文本输入框中输入数字,单击"求和"按钮，显示前 $n$ 个正整数之和，如图 2-41 所示。

图 2-41　程序运行

1. 组件设计

该应用程序由 Screen、水平布局、标签、文本输入框、按钮 5 类组件组成。各组件的属性设置及位置放置如表 2-17 所示。其组件设计如图 2-42 所示。

表 2-17　组件设计表

| 组件放置 | 组件 | 面板组 | 组件命名 | 组件属性 |
|---|---|---|---|---|
| ⊟ 📱 Screen1<br>　⊟ 🔳 HorizontalArrangement1<br>　　Ａ SLabel<br>　　Ⅰ STextBox<br>　🔲 Button1<br>　Ａ Sum | Screen | 默认 | Screen1 | 背景图片：wh.jpg |
| | 水平布局 | 布局 | HorizontalArrangement1 | 默认 |
| | 标签 | 用户界面 | SLabel | 文本："请输入正整数:"<br>粗体 |
| | | | Sum | 文本：****** |
| | 文本输入框 | 用户界面 | STextBox | 大小：14.0 |
| | 按钮 | 用户界面 | Button1 | 大小：28.0<br>文本：求和<br>粗体 |

图 2-42　组件设计界面

2. 逻辑设计

　　定义变量 s,并赋初值为 0,用于存放累加之和。在 STextBox 文本输入框中输入正整数,当单击"求和"按钮时,执行循环体,从 1 开始循环到 STextBox 文本输入框中填入的数,变量 s 不断累加。循环体执行结束后,把变量 s 的值显示在 Sum 标签组件中,具体的逻辑设计如图 2-43 所示。

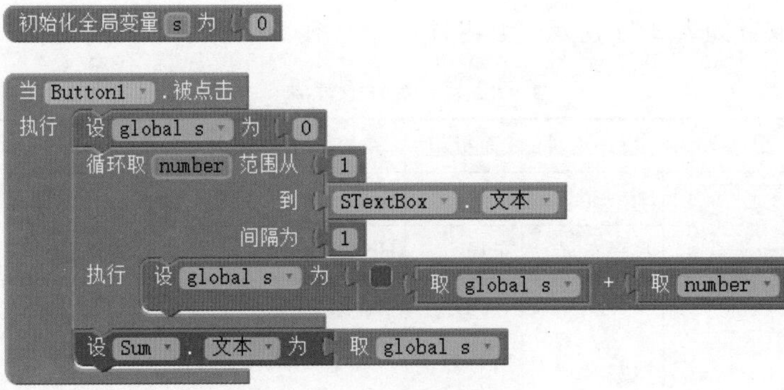

图 2-43　参考程序

　　变量与流程控制知识学习得怎么样了？动手试一试吧！

---

　　🎯 **试一试：**

　　(1) 用条件循环(while)语句完成 2.4.4 小节的基础任务 3。

　　(2) 扩展 2.4.4 小节的基础任务 3 程序功能：若初始值为 1,间隔为 2,终值为 99,

则计算 1＋3＋…＋99 的和；若初始值为 2，间隔为 3，终值为 92，则计算 2＋5＋…＋92 的和，界面设计如图 2-44 所示。

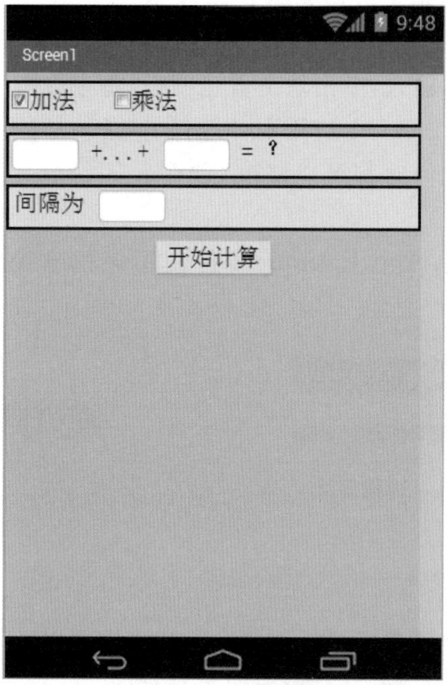

图 2-44　**界面设计**

## 2.5　自定义过程与函数

在程序设计过程中，会发现一些相同或相似的程序段在不同地方反复出现。按照结构化程序设计的思想，可以将这些反复出现的程序段看作一个相对独立的整体，可以用一个标识符给这个独立整体命名，凡是需要相似操作的地方，只要通过该标识符调用对应的程序段即可。在一些程序设计语言中，这些用来实现特定功能的程序段被称为"函数"或者"子程序"。在 App Inventor 2 中，称为"过程（procedure）"。

App Inventor 2 中的"过程"提供自定义函数功能。它允许用户将实现一定功能的模块进行封装，并为其封装后的模块进行命名；"过程"可以被其他模块调用，从而实现程序复用。一般来讲，如果该"过程"程序段没有返回值，则称之为"自定义过程"；否则称之为"函数"。

使用"过程"的优点如下。

（1）符合结构化程序设计思想，程序结构和逻辑关系更加清晰。"过程"将一个复杂的问题分解成若干个子问题来解决，甚至可以继续分解，直到每个子问题都是一个具有独立功能的模块。程序结构更加清晰，逻辑关系更加明确，便于人们阅读、调试、修改。

（2）缩短了程序长度，减小了输入工作量，节省了代码空间。"过程"只需编写一次，却可以在任何需要的地方调用它们。编写好的"通用过程"（代码库中的"系统函数"）可以在多个程序中被调用，提高了程序的可靠性。

### 2.5.1 过程的定义与调用

在 App Inventor 2 中,定义过程如图 2-45 所示。

无返回值"过程"就是把一系列的程序块归为一组,并赋予它们一个名称——"过程名"。若"过程"需要参数的输入,单击块上蓝色图标,将参数拖出即可添加。单击"我的过程",可以修改"过程名"。在同一个应用中,"过程名"必须是独一无二的,不能重名。在创建应用过程中,开发者无论何时都可以修改"过程名"。App Inventor 2 将自动更新原先调用该过程的过程名。

一旦"过程"创建完成,App Inventor 2 将使用该积木块来调用该过程,如图 2-46 所示。

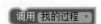

图 2-45 过程定义      图 2-46 过程调用

### 2.5.2 基础任务 5——"过程"

请利用本节中介绍的"过程"知识,完成"过程"应用程序——单击"点击"按钮,文本输入框不断输出 * 。该应用程序的运行界面如图 2-47 所示。

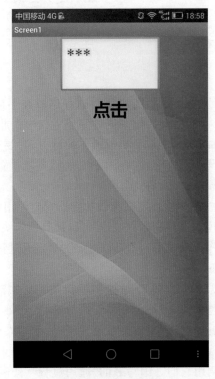

图 2-47 程序运行

1. 组件设计

该应用程序由 Screen、文本输入框、按钮 3 类组件组成。各组件的属性设置及位置放置如表 2-18 所示。

表 2-18　组件设计表

| 组 件 放 置 | 组　　件 | 面板组 | 组件命名 | 组件属性 |
| --- | --- | --- | --- | --- |
| Screen1 文本输入框1 点击 | Screen | 默认 | Screen1 | 水平对齐：居中 |
| | 文本输入框 | 用户界面 | 文本输入框 1 | 默认 允许多行 |
| | 按钮 | 用户界面 | 点击 | 文本：点击 |

该应用程序的组件设计界面，如图 2-48 所示。

图 2-48　组件设计界面

2. 逻辑设计

定义过程"星星"，实现"文本输入框 1"在原有内容的基础上增加字符" ＊ "的功能。当"点击"按钮被单击时，调用过程"星星"，具体的逻辑设计如图 2-49 所示。

图 2-49　参考程序

### 2.5.3　函数的定义与调用

有返回值的"过程"与上面无返回值积木块类似,只是它将返回该过程运行后的一个结果,习惯上称这类过程为"函数"。其定义与"过程"相似,如图 2-50 所示。

一旦"函数"创建完成,将生成一个带有插槽的调用模块。调用它的积木块将获取此"函数"的运行结果,如图 2-51 所示。

图 2-50　函数定义　　　　　　　　图 2-51　函数调用

### 2.5.4　基础任务 6——"求和小程序"

请利用本节中介绍的"函数"知识,完成"求和"应用程序——在文本输入框中输入某一正整数,当单击"求和"按钮时,程序显示该正整数之前所有正整数累加之和。该应用程序的运行界面如图 2-41 所示。

此处组件设计与上节案例相同,不再赘述。定义一个名为 leijia 的函数,将返回值 s 传递给 Sum 标签。具体程序如图 2-52 所示。

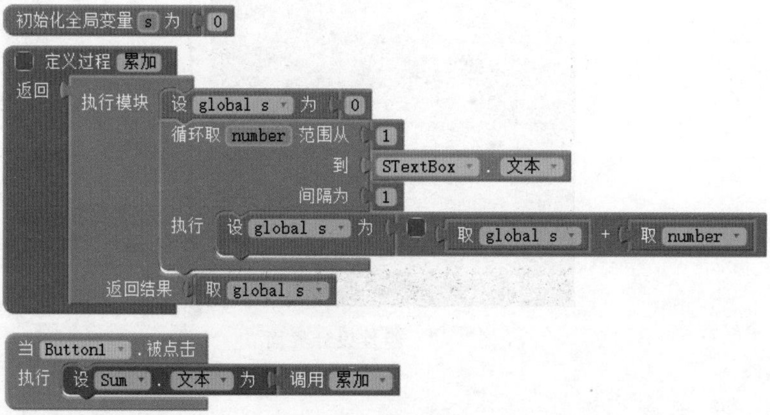

图 2-52　参考程序

查看应用程序的运行效果,验证效果是否同上节案例相同。

> 试一试:
> (1) 请尝试归纳过程与函数的区别。
> (2) 请动手设计一个包含函数的小应用,用于计算闰年。闰年需要满足以下条件:①年份能被 4 整除;②年份若是 100 的整数倍,需被 400 整除,否则是平年。举例如下:1900 年能被 4 整除,但是因为其是 100 的整数倍,却不能被 400 整除,所以是平年;而

2000 年就是闰年；1904 年和 2004 年、2008 年等直接能被 4 整除且不被 100 整除，都是闰年。2014 年是平年。界面设计如图 2-53 所示。

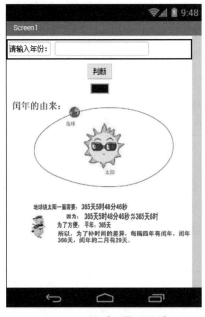

图 2-53 "闰年"界面设计

## 2.6 媒体组件

App Inventor 2 提供了大量的媒体组件，主要包括摄像机组件、照相机组件、图像组件、音频播放组件、声音组件、录音组件、视频播放组件等。比较常用的有音频播放组件、声音组件、图像组件等。

### 2.6.1 常用组件介绍

Ⅰ. 音频播放器

该组件可以播放音频，并控制手机的震动。在组件设计视图及逻辑设计视图中，均可用源属性来定义音频来源。该组件适合播放时间较长的音频文件，如歌曲。其属性如表 2-19 所示。

表 2-19 音频播放器组件属性

| 属 性 | 说 明 |
| --- | --- |
| 循环播放 | 如果选中，将循环播放。设置循环将直接影响当前的播放 |
| 只能在前台播放 | 如果选中，当离开当前屏幕时，播放将暂停；如果不选中（默认），则无论当前屏幕是否显示，声音都将继续播放 |
| 源文件 | 声音源 |
| 音量 | 设置播放音量，范围为 0～100 |

其方法如表 2-20 所示。

表 2-20　音频播放器组件方法

| 方　　法 | 说　　明 |
| --- | --- |
| 暂停 | 暂停正在进行的播放 |
| 开始 | 开始播放，如果此前处于暂停状态，则继续播放；如果此前处于停止状态，则从头开始播放 |
| 停止 | 如果选中，离开当前屏幕时，播放将暂停；如果不选中（默认），则无论当前屏幕是否显示，声音都将继续播放 |
| 毫秒数 | 手机震动指定的毫秒数 |

2. 音效

多媒体组件可以播放声音文件，并使手机产生数毫秒的震动（在逻辑设计中设定）。在组件设计及逻辑设计视图中，均可设定要播放的音频文件，该组件适合播放时间较短的音频文件，其属性如表 2-21 所示。

表 2-21　音效组件属性

| 属　　性 | 说　　明 |
| --- | --- |
| 最小间隔 | 两次播放之间的最小时间间隔 |
| 声音源 | 指定播放的声音文件 |

其方法如表 2-22 所示。

表 2-22　音效组件方法

| 方　　法 | 说　　明 |
| --- | --- |
| 暂停 | 暂停正在进行的播放 |
| 开始 | 开始播放，如果此前处于暂停状态，则继续播放；如果此前处于停止状态，则从头开始播放 |
| 停止 | 如果选中，当离开当前屏幕时，播放将暂停；如果不选中（默认），则无论当前屏幕是否显示，声音都将继续播放 |
| 震动 | 手机震动制定的毫秒数 |

## 2.6.2　基础任务 7——"音乐播放器"

请利用本节中介绍的音频组件、声音组件等知识，完成"音乐播放器"App 应用程序——单击"音乐"按钮时，应用程序播放背景音乐；单击"喝彩声"按钮时，应用程序播放鼓掌声音效。该应用程序的运行界面如图 2-54 所示。

1. 组件设计

该应用程序由 Screen、表格布局、按钮、图像、声音、音频播放器 6 类组件组成。各组件的属性设置及位置放置如表 2-23 所示。

图 2-54　程序运行

表 2-23　组件设计

| 组件放置 | 组　件 | 面板组 | 组件命名 | 组件属性 |
|---|---|---|---|---|
| 组件列表<br>⊟ Screen1<br>　Image1<br>⊟ TableArrangement1<br>　　music<br>　　sound<br>　Sound1<br>　Player1 | Screen | 默认 | Screen1 | AppName：<br>Music Master |
| | 表格布局 | 布局 | TableArrangement1 | 列数：2<br>行数：1 |
| | 按钮 | 用户界面 | music | 文本：音乐 |
| | | | sound | 文本：喝彩声 |
| | 图像 | 用户界面 | Image1 | 默认 |
| | 声音 | 多媒体 | Sound1 | 源文件：hcs.mp3 |
| | 音频播放器 | 多媒体 | Player1 | 源文件：<br>I believe.mp3 |

　　该应用程序的组件设计界面如图 2-55 所示。

2. 逻辑设计

　　当 music 按钮被单击时,播放背景音乐 I believe.mp3,当 sound 按钮被单击时,播放音效 hcs.mp3,具体的逻辑设计如图 2-56 所示。

图 2-55　组件设计界面　　　　　　　　　图 2-56　参考程序

**试一试：**

（1）完善本案例，单击"音乐"按钮可实现背景音乐的"播放""暂停"。

（2）尝试将本应用扩展为"故事播放器"，单击不同按钮，应用程序播放不同故事，如图 2-57 所示。

图 2-57　故事播放器设计界面

# 2.7 传感器组件

常用的 Android 设备中一般包含方向传感器、位置传感器、加速度传感器等，因而 App Inventor 2 开发平台中也有相对应的传感器组件，如方向传感器组件、位置传感器组件、加速度传感器组件等。下面将对常用的 3 个传感器组件以及计时器组件进行介绍。

## 2.7.1 方向传感器组件

Android 设备中的方向传感器用于确定 Android 设备的空间方位，该组件为非可视组件，以角度的方式呈现 Android 设备的 3 个方位值。

### l. 翻转角

当 Android 设备水平放置时，该设备翻转角值为 0°；并随着向左倾斜到竖直位置时，其值为 90°，而当向右倾斜至竖直位置时，其值为 −90°。

### 2. 倾斜角

当 Android 设备水平放置时，该设备倾斜角值为 0°；随着设备顶部向下倾斜至竖直时，其值为 90°，继续沿相同方向翻转，其值逐渐减小，直到屏幕朝向下方的位置，其值变为 0°；同样，当设备底部向下倾斜直到指向地面时，其值为 −90°，继续沿同方向翻转到屏幕朝上时，其值为 0°。

### 3. 方位角

当 Android 设备顶部指向正北方时，该设备方位角值为 0°，正东方向时为 90°，正南方向时为 180°，正西方向时为 270°。

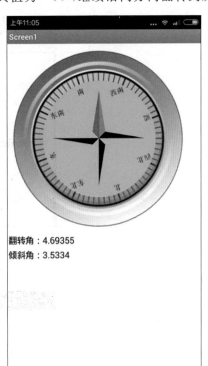

## 2.7.2 基础任务 8——"指南针"

Android 设备中含有感知方向的传感器，请利用 App Inventor 2 开发平台制作"指南针"应用程序——该应用程序能实时感知 Android 设备的方位，同时显示该设备的翻转角和倾斜角。该应用程序的运行界面如图 2-58 所示。

### l. 组件设计

该应用程序由 Screen、画布、图像精灵、标签、方向传感器 5 类组件组成。各组件的属性设置及位置放置如表 2-24 所示。

图 2-58　程序运行

表 2-24 组件设计

| 组件放置 | 组件 | 面板组 | 组件命名 | 组件属性 |
|---|---|---|---|---|
| 组件列表<br>□ Screen1<br>　□ 画布1<br>　　 罗盘<br>　　 指针<br>　　A 翻转角<br>　　A 倾斜角<br>　　 方向传感器1 | Screen | 默认 | Screen1 | AppName：<br>Compass |
| | 画布 | 绘图动画 | 画布1 | 高度：300 像素<br>宽度：300 像素 |
| | 图像精灵 | 绘图动画 | 罗盘 | 图片：<br>Compass-1.png<br>Z 坐标：1.0 |
| | | | 指针 | 高度：150 像素<br>宽度：150 像素<br>图片：Compass-2.png<br>X 坐标：75<br>Y 坐标：75<br>Z 坐标：2.0 |
| | 标签 | 用户界面 | 翻转角 | 默认 |
| | | | 倾斜角 | 默认 |
| | 方向传感器 | 传感器 | 方向传感器1 | 默认 |

该应用程序的组件设计界面如图 2-59 所示。

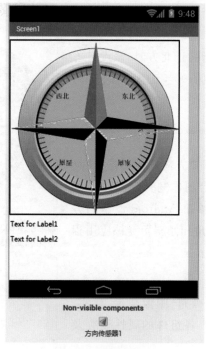

图 2-59 组件设计界面

### 2. 逻辑设计

当方向传感器感知的方向(即方位角、倾斜角、翻转角)发生变化时,图像精灵"罗盘"的方向随之变化,标签"翻转角""倾斜角"中的值也随之变化,具体的逻辑设计如图 2-60 所示。

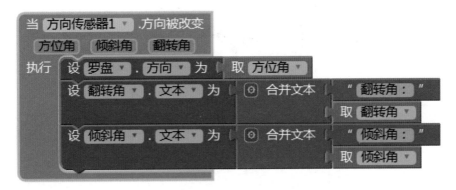

图 2-60　参考程序

### 3. 程序调试

完成组件设计与逻辑设计之后,单击"打包 apk"选项中的"打包 apk 并下载到电脑",如图 2-61 所示。

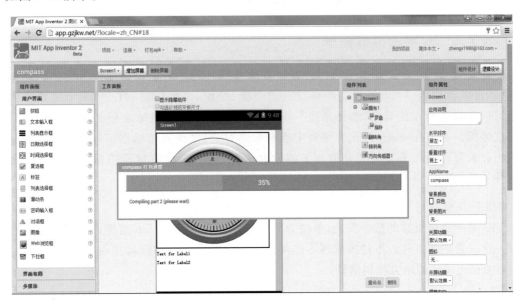

图 2-61　打包 apk 并下载到计算机

将下载的 apk 文件移动至 Android 设备中进行安装:安装运行 Compass 应用程序,如图 2-62 所示。

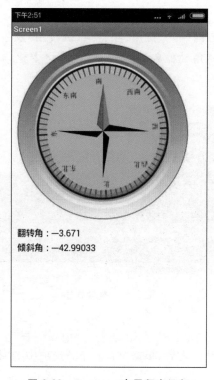

图 2-62　Compass 应用程序运行

### 2.7.3　位置传感器组件

普通的 Android 设备中一般都含有位置传感器。若开启该设备的位置信息访问权限，就可以获取该 Android 设备所在位置的纬度、经度、高度信息，有些 Android 设备甚至可以获取其所在位置的"街区地址"，实现"地理编码"——将地址信息转换为经度与纬度坐标。App Inventor 2 开发平台中也有与之对应的"位置传感器组件"，开发者通过该组件就可以根据开发需要获取相关的位置信息服务了，该位置传感器组件为非可视组件。

#### 1. 距离间隔

决定传感器报数的最小间距，单位为 m。若间隔为 5，则在 5m 范围内传感器就会触发一次位置更新事件。不过传感器不能保证恰好在指定间距的位置接收到更新信息，也可能在超过 5m 的地方收到信息。

#### 2. 时间间隔

以 ms 为单位设定最小时间间隔，传感器将以此间隔发出位置更新信息。当然，手机的实际位置必须发生变化，传感器才能收到新的位置信息，因此定义时间间隔并不能保证按时收到位置信息。例如，如果将时间间隔设置为 1000，那么在 1000ms 内不会更新位置信息，但在之后的时间里可能随时收到更新信息，并触发位置变化事件。

### 2.7.4　基础任务 9——"经纬度转换器"

Android 设备中一般都有位置传感器，请利用 App Inventor 2 开发平台制作应用程序"经纬度转换器"——即实时显示 Android 设备的经纬度及海拔信息，同时具备将具体地址转化为经纬度信息的功能。该应用程序的运行效果如图 2-63 所示。

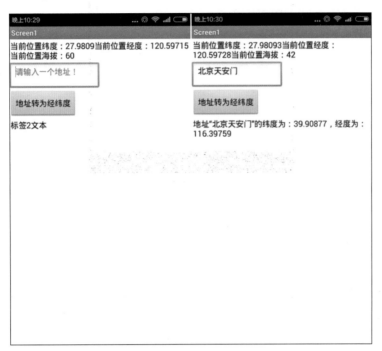

图 2-63　程序运行效果

Ⅰ.组件设计

该应用程序由 Screen、标签、文本输入框、按钮、位置传感器 5 类组件组成。各组件的属性设置及位置放置如表 2-25 所示。

表 2-25　组件设计

| 组 件 放 置 | 组　件 | 面 板 组 | 组件命名 | 组件属性 |
| --- | --- | --- | --- | --- |
| 组件列表　　Screen1　　当前位置信息　地址输入框　转换按钮　经纬度显示　位置传感器1 | Screen | 默认 | Screen1 | AppName：LocationSensor |
| | 标签 | 用户界面 | 当前位置信息 | 默认 |
| | | | 经纬度显示 | 默认 |
| | 文本输入框 | 用户界面 | 地址输入框 | 提示：请输入一个地址！ |
| | 按钮 | 用户界面 | 转换按钮 | 文本：地址转为经纬度 |
| | 位置传感器 | 用户界面 | 位置传感器 1 | 时间间隔：1000 |

该应用程序的组件设计界面如图 2-64 所示。

图 2-64　组件设计界面

2. 逻辑设计

当位置传感器感知的位置信息发生变化时,实时更新标签"当前位置信息"中的纬度、经度及海拔信息;同时,当用户在文本输入框中输入有效地址并单击"地址转为经纬度"按钮时,在标签"经纬度显示"中显示该地址所对应的纬度和经度信息。

具体的逻辑设计如图 2-65 所示。

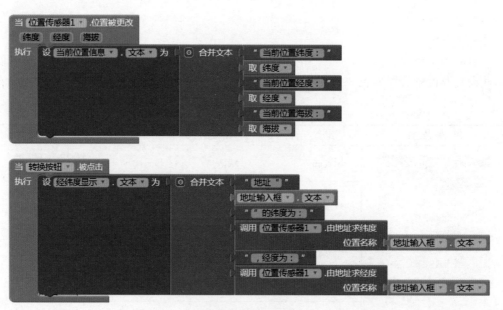

图 2-65　参考程序

3. 程序调试

安装运行"经纬度转换器"应用程序,运行效果如图 2-64 所示。

**提示**：地址转换为经纬度时需要开启网络;否则无法转换。

### 2.7.5　加速度传感器组件

Android 设备上的加速度传感器可以感知 Android 设备的晃动状态,同时也能够测算出加速度 3 个维度分量的近似值,其单位为 m/s$^2$。加速度的 3 个纬度分量 X 分量、Y 分量、Z 分量,分别与 Android 设备 X 轴、Y 轴、Z 轴上的运动变化有关,具体如下。

(1) X 分量。当 Android 设备在平面上静止时,其值为零;当 Android 设备向左倾斜时(右侧升起),其值为正;而向右倾斜时(左侧升起),其值为负。

(2) Y 分量。当 Android 设备在平面上静止时,其值为零;当 Android 设备顶部抬起时,其值为正;而当底部抬起时,其值为负。

(3) Z 分量。当 Android 设备屏幕朝上地静止在与地面平行的平面上时,其值为 9.8 (地球的重力加速度);当垂直于地面时,其值为 0;当屏幕朝下时,其值为 −9.8。

Android 设备加速运动时,Android 设备中的加速度传感器分量值会发生相应改变。

### 2.7.6　基础任务 10——"加速度观察器"

借助 App Inventor 2 开发平台制作一个加速度观察器——在 Android 设备上,实时显示该 Android 设备的 3 个加速度分量的变化情况。该应用程序的运行界面如图 2-66 所示。

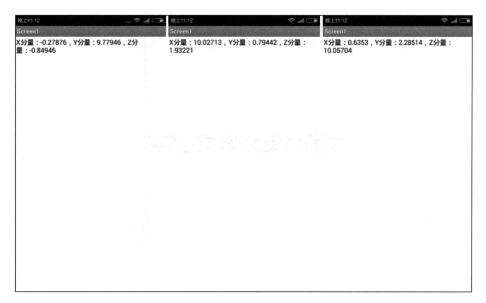

图 2-66　程序运行界面

1. 组件设计

"加速度观察器"由 Screen、标签、加速度传感器 3 类组件组成,各组件的属性设置及位置放置如表 2-26 所示。

表 2-26　组件设计

| 组件放置 | 组　件 | 面板组 | 组件命名 | 组件属性 |
|---|---|---|---|---|
| 组件列表<br>⊟ □ Screen1<br>　Ａ 标签1<br>　● 加速度传感器1 | Screen | 默认 | Screen1 | AppName：<br>AccelerometerSensor |
| | 标签 | 用户界面 | 标签1 | 默认 |
| | 加速度传感器 | 传感器 | 加速度传感器1 | 默认 |

该应用程序的组件设计界面如图 2-67 所示。

图 2-67　组件设计

2. 逻辑设计

当 Android 设备的 $X$、$Y$、$Z$ 加速度分量发生变化时,实时更新显示在"标签 1"中。该应用程序的具体逻辑设计如图 2-68 所示。

3. 程序调试

打包"加速度观察器"应用程序,将生成的 apk 文件移动到手机内存中,安装运行"加速度观察器"应用程序,如图 2-69 所示。

图 2-68 **参考程序**

图 2-69 **"加速度观察器"应用程序运行截图**

### 2.7.7 计时器组件

App Inventor 2 开发平台上的计时器组件位于传感器选项卡中,是一个非可视的组件。计时器组件可以以固定的时间间隔发出信号来触发事件(计时事件);同时,计时器组件能够调用当前系统日期时间,也可以实现各种时间单位(年、月、日、周、时)之间的转换和处理。

### 2.7.8 基础任务 11——"最后 10 秒钟"

通过 App Inventor 2 开发平台完成应用程序"最后 10 秒钟"——利用计时器组件,完成一个 10 秒钟的倒计时应用程序。该应用程序的运行界面如图 2-70 所示。

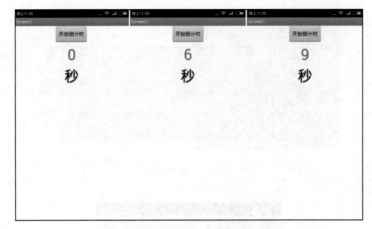

图 2-70　程序运行界面

1. 组件设计

"最后 10 秒钟"应用程序由 Screen、按钮、标签、计时器 4 类组件组成，各组件的属性设置及位置放置如表 2-27 所示。

表 2-27　组件设计

| 组 件 放 置 | 组　　件 | 面板组 | 组件命名 | 组件属性 |
| --- | --- | --- | --- | --- |
| **组件列表**<br>⊟ □ Screen1<br>　按钮1<br>　A 标签1<br>　A 标签2<br>　计时器1 | Screen | 默认 | Screen1 | AppName：clock |
| | 按钮 | 用户界面 | 按钮1 | 文本：开始倒计时 |
| | 标签 | 用户界面 | 标签1 | 字号：40<br>文本：10<br>文本颜色：红色 |
| | | | 标签2 | 字号：40<br>文本：秒 |
| | 计时器 | 传感器 | 计时器1 | 启用计时：(否) |

该应用程序的组件设计界面，如图 2-71 所示。

2. 逻辑设计

当单击"开始倒计时"按钮时，启用计时器。而计时器组件的时间间隔属性值默认为 1000ms(即 1s)，则可利用计时器的计时事件让标签 1 中的数字每隔 1s 被减去 1 直到 0 为止。因此，该应用程序的逻辑设计中还需要一个判断语句"如果……则……"来完成对标签 1 中数字的判断，若该值为 0 则停止计时器。该应用程序的逻辑设计如图 2-72 所示。

3. 程序调试

打包"最后的 10 秒钟"应用程序，将生成的 apk 文件移动到手机内存中，安装运行"最后的 10 秒钟"应用程序，如图 2-73 所示。

图 2-71　组件设计界面

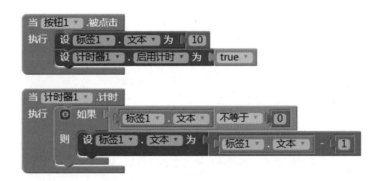

图 2-72　参考程序

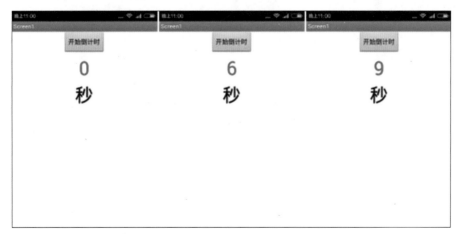

图 2-73　"最后的 10 秒钟"运行效果

### 你学到了什么

本章中，你学到了以下知识：

- App Inventor 2 开发环境的配置。
- App Inventor 2 界面操作，包括组件设计界面、逻辑设计界面。
- 组件的认识，包括常见的基本组件、媒体组件、传感器组件。
- 基本语法的认识，包括基本运算、变量、流程控制模块、自定义过程与函数等。

### 动手练一练

（1）测测你的方向感。制作一个应用程序，将 Android 设备正对南方，单击测试，该应用程序将算出你的方向感的得分。

（2）做一个小球，用 Android 设备的重力感应控制小球的上下左右移动，如图 2-74 所示。

图 2-74　用重力控制小球

# 第3章 App Inventor 2 的编程实践

## 3.1 App 专题 1——健康测试仪

1. 专题描述

现代的生活与工作节奏越来越快,如何才能在享受生活与工作的同时,随时了解自己的健康情况呢?本专题将带领大家一起制作属于自己的手机 App 应用程序"健康测试仪"——通过输入用户的身高与体重信息,就可以得知该用户的健康水平:偏瘦、健康(正常)或偏胖,程序运行界面如图 3-1 所示。

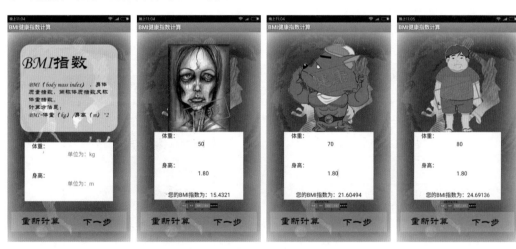

图 3-1 "健康测试仪"运行界面

2. 学习目标

(1) 掌握"用户界面"中按钮、图片、标签、文本输入框等常用基本组件的使用。

(2) 掌握"界面布局"中的"水平布局"与"垂直布局"组件。

(3) 掌握"数学"内置模块中乘法、除法模块的使用。

3. 运行原理

健康测试仪的基本原理是利用 BMI 健康指数来判断用户的健康水平。BMI(Body Mass Index,健康指数)又称为体质指数或体重指数。其计算方法为:BMI=体重(kg)/身高$^2$(m$^2$),即体重与身高平方的比值。BMI 健康指数可以用来对比用户在身体胖瘦上的健康水平,BMI 健康指数的正常范围为 18.5～23.9,不同 BMI 指数所代表的健康水平如表 3-1 所示。

表 3-1 　BMI 指数标准

| BMI 健康指数范围 | 健 康 水 平 |
| --- | --- |
| ＜18.5 | 偏瘦 |
| 18.5～23.9 | 健康(正常) |
| ＞23.9 | 偏胖 |

图 3-2 所示为"健康测试仪"的运行流程。

4. 界面设计

"健康测试仪"App 应用程序的 UI 设计界面可参考图 3-3 所示,由 Screen、图像、标签、按钮 4 类组件完成。

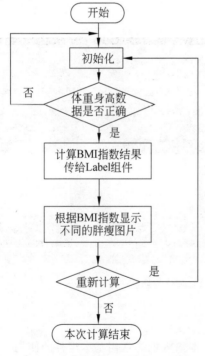

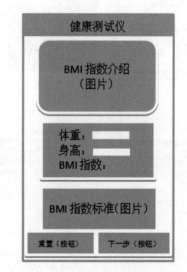

图 3-2 　"健康测试仪"的运行流程　　　图 3-3 　"健康测试仪"的界面设计

各种组件的放置及其具体属性设置,如表 3-2 所示。

"健康测试仪"的 UI 设计界面如图 3-4 所示。可以根据自己的喜好,更改界面的布局等。

表 3-2　**组件设计**

| 组 件 放 置 | 组　件 | 面 板 组 | 组件命名 | 组 件 属 性 |
|---|---|---|---|---|
| 组件列表<br>□ Screen1<br>　⊟ ■ HorizontalArrangement1<br>　　■ picShow<br>　⊟ ◪ VerticalArrangement1<br>　　⊟ ■ HorizontalArrangement2<br>　　　A weightLabel<br>　　　▯ weightTextBox<br>　　⊟ ■ HorizontalArrangement4<br>　　　A heightLabel<br>　　　▯ heightTextBox<br>　　　A BMIresult<br>　　　■ BMIstandard<br>　⊟ ■ HorizontalArrangement3<br>　　■ resetButton<br>　　■ NextButton | Screen | 默认 | Screen1 | 水平对齐：居中<br>应用程序名：BMI<br>背景图：background. png<br>标题：BMI 健康指数计算 |
| | 水平布局 | 界面布局 | HorizontalArrange-<br>ment1 | 水平对齐：居中<br>垂直对齐：居下<br>高度：250 像素<br>宽度：充满 |
| | | | HorizontalArrange-<br>ment2 | 水平对齐：居中<br>垂直对齐：居中<br>宽度：充满 |
| | | | HorizontalArrange-<br>ment4 | 水平对齐：居中(Center)<br>垂直对齐：居上<br>宽度：充满 |
| | | | HorizontalArrange-<br>ment3 | 水平对齐：居中<br>垂直对齐：居下<br>高度：50 像素<br>宽度：充满 |
| | 图像 | 界面布局 | picShow | 高度：220 像素<br>宽度：270 像素<br>图片：BMI. png |
| | | | BMIstandard | 图片(Picture)：Standard. png<br>宽度(Width)：充满(Fill parent) |
| | 垂直布局 | 界面布局 | VerticalArrangement1 | 水平对齐：居中<br>垂直对齐：居中<br>高度：200 像素<br>宽度：充满 |
| | 标签 | 用户界面 | weightLabel | 背景颜色：白色<br>文本："体重"<br>文本对齐：居中<br>高度：充满<br>宽度：80 像素 |
| | | | heightLabel | 背景颜色：白色<br>文本："身高："<br>文本对齐(TextAlignment)：居中<br>高度：充满<br>宽度：80 像素 |
| | | | BMIresult | 文本对齐：居中(center)<br>高度(Height)：20 像素(pixels)<br>宽度(Width)：230 像素(pixels) |

续表

| 组件放置 | 组件 | 面板组 | 组件命名 | 组件属性 |
|---|---|---|---|---|
| 文本输入框 | | 用户界面 | weightTextBox | 背景颜色：白色<br>宽度：150 像素<br>提示：单位为 kg<br>仅限数字：√<br>文本对齐：居左 |
| | | 用户界面 | heightTextBox | 背景颜色：白色<br>宽度：150 像素<br>提示：单位为 kg<br>仅限数字：√<br>文本对齐：居左 |
| 按钮 | | 用户界面 | resetButton | 高度：50 像素<br>宽度：150 像素<br>图像：replayButton. png<br>文本（Text）：重置（按钮） |
| | | 用户界面 | nextButton | 高度：50 像素<br>宽度：150 像素<br>图像：nextButton. png<br>文本（Text）：下一步（按钮） |

图 3-4　"健康测试仪"的界面设计

5. 编程实现

1）素材准备

"健康测试仪"应用程序根据用户的 BMI 健康指数而显示"偏瘦""健康"或"偏胖"图片，因此需准备 3 张图片，如图 3-5 所示。

图 3-5　"健康测试仪"素材

如表 3-3 所示，可将图片素材文件上传至 Media 面板中，待使用时即可调用。

表 3-3　素材面板

| 素材（Media）面板 | 图片素材 | 示　意　图 |
|---|---|---|
| 素材<br>上传文件… | pianpang.png | 素材<br>nextButton.png<br>BMI.png<br>background.png<br>pianpang.png<br>exitButton.png<br>jiankang.png<br>pianshou.png<br>Standard.png<br>replayButton.png<br>上传文件… |
| | jiankang.png | |
| | pianshou.png | |

2）逻辑设计

BMI 健康指数是通过用户体重和身高数据计算得到的，所以用户在使用"健康测试仪"时需要单击"下一步"按钮，通过按钮的 OnClick 事件来获取两个文本框中的数值，并计算出 BMI 指数，赋值给 Label 组件。

（1）自定义变量。"健康测试仪"程序在计算 BMI 健康指数时，需要设置一个全局变量来存储计算的结果，其逻辑设计如图 3-6 所示。

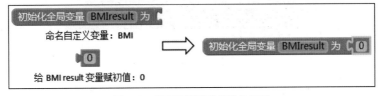

图 3-6　"健康测试仪"变量设计

（2）屏幕初始化。"健康测试仪"程序在启动运行时，需对各个组件的属性进行初始化，其逻辑设计如图 3-7 所示。

图 3-7 "健康测试仪"屏幕初始化设计

（3）BMI 指数计算。通过 Button 按钮的 OnClick 事件，触发对 BMI 健康指数的计算，并将结果赋值给 Label 组件，同时根据计算结果判断用户的健康程度，显示相应胖瘦图片，其逻辑设计如图 3-8 所示。

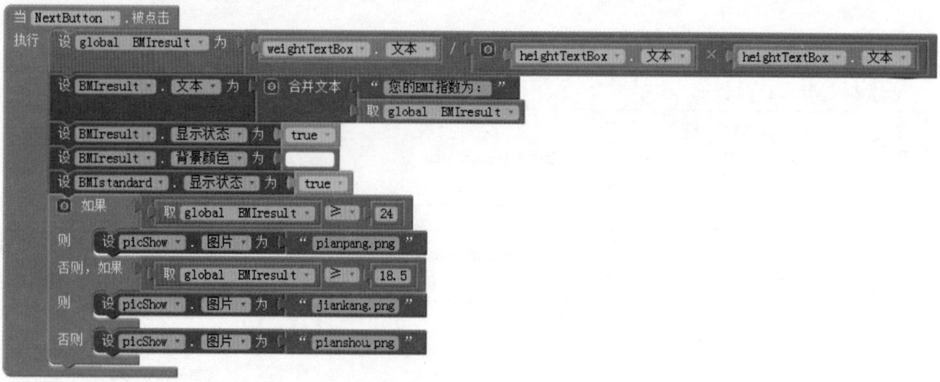

图 3-8 "健康测试仪"BMI 指数计算设计

（4）"重置"按钮——重新计算。用户通过 Button 按钮的 OnClick 事件，对应用程序进行重置，即恢复到程序启动时的状态，其逻辑设计如图 3-9 所示。

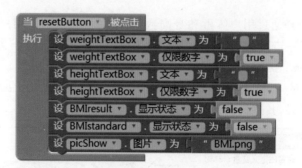

图 3-9 "健康测试仪"重置计算设计

赶紧用自己 DIY 的"健康测试仪"，检测一下自己的健康水平吧！

✎ **试一试**：健康测试仪的设计与制作,只是从基础功能上实现,用户还可以从以下几方面进行思考,完善该"健康测试仪"程序。

(1) 本"健康测试仪"只对用户的健康水平划分为偏瘦、健康和偏胖 3 个等级,用户可以再细化为偏瘦、健康、偏胖、重度偏胖、严重偏胖等更多的等级。

(2) 本程序的 BMI 健康指数标准为中国标准,用户可以将"欧美标准"或"亚洲标准"等 BMI 指数标准附加进程序,使该程序的应用人群范围更广。

(3) 本程序的设计,并未包含对用户数据及 BMI 指数的累积存储,用户可以尝试增加此项功能。

## 3.2　App 专题 2——音乐摇摇乐

### 1. 专题描述

音乐能让人放松心情,陶冶情操。然而如何才能让手机或平板更酷、更方便地切换音乐？借鉴微信"摇一摇"功能设置了本专题：音乐摇摇乐——通过摇晃手机,可以随机切换音乐；同时,用户还能感受到手机摇晃时的震动与摇晃声。其运行效果如图 3-10 所示。

### 2. 学习目标

(1) 掌握"加速度传感器"组件中"被晃动"事件的调用。

(2) 掌握"音频播放器"组件的"源文件"属性的设置、震动函数的调用。

(3) 掌握"列表制作""随机函数"等编程模块的使用。

### 3. 运行原理

应用程序"音乐摇摇乐"的基本原理是通过手机感知摇晃的状态,从而实现不同音乐曲目之间的切换。手机上的加速度传感器可以用来感知手机是否处于摇晃状态,其感知到手机的不同状态及对应要执行的应用程序动作如表 3-4 所示。

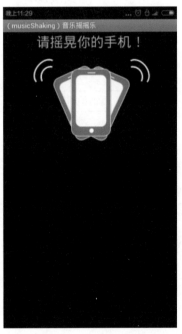

图 3-10　程序运行效果

表 3-4　手机摇晃情况与应用程序动作

| 手机摇晃情况 | 应用程序动作 |
| --- | --- |
| 不摇晃 | 维持上一状态(或初始状态) |
| 摇晃时 | 手机震动,摇晃音乐 |
| 摇晃后 | 随机切换播放音乐 |

图 3-11 是"音乐摇摇乐"的工作流程。

4. 界面设计

"音乐摇摇乐"应用程序界面的 UI 设计可参考图 3-12,使用 Screen、标签、图像 3 类组件即可完成。

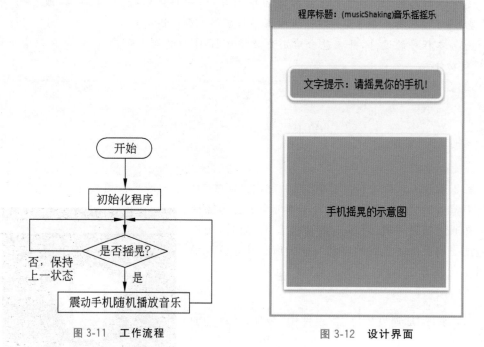

图 3-11　工作流程　　　　　图 3-12　设计界面

Screen、标签、图像 3 类组件的放置及其具体属性设置如表 3-5 所示。

表 3-5　组件设计

| 组 件 放 置 | 组件 | 面板组 | 组件命名 | 组 件 属 性 |
|---|---|---|---|---|
| 组件列表<br>□ Screen1<br>　A labelRemind<br>　shakingPic | Screen | 默认 | Screen1 | 水平对齐:居中<br>背景颜色:黑色<br>标题:音乐摇摇乐 |
| | 标签 | 用户界面 | labelRemind | 字号:36<br>文本:请摇晃你的手机!<br>文本对齐:居中<br>文本颜色:浅灰<br>宽度:充满<br>高度:自动 |
| | 图像 | 用户界面 | shakingPic | 图片:shoujiPic. png<br>宽度:261 像素<br>高度:190 像素 |

"音乐摇摇乐"的 UI 设计界面如图 3-13 所示。用户可以根据自己的喜好更改组件的

属性,如背景颜色、字体颜色或图片效果等。

图 3-13　界面设计效果

　　若要"音乐摇摇乐"根据手机的摇晃状态随机播放音乐,还需组件"音频播放器""加速度传感器",它们都是非可视的组件,因此不影响 UI 的设计界面。音频播放器与加速度传感器组件的排布及其具体属性的设置如表 3-6 所示。

表 3-6　组件设计

| 组 件 放 置 | 组　件 | 面板组 | 组 件 命 名 | 组件属性 |
|---|---|---|---|---|
| 组件列表<br>☐ ☐ Screen1<br>　Ⓐ labelRemind<br>　🖼 shakingPic<br>　▷ Player1<br>　⬤ AccelerometerSensor1 | 音频播放器 | 多媒体 | Player1 | 源:无 |
|  | 加速度传感器 | 传感器 | AccelerometerSensor1 | 默认 |

5. 编程实现

1) 素材准备

　　若要实现随机的播放音乐,须先上传所需的音频素材,包括摇晃时的摇晃音乐。如表 3-7 所示,可将音频素材文件上传至 Media 面板之中,待使用时调用即可。

表 3-7　组件设计

| 素材（Media）面板 | 音频素材 | 示　意　图 |
|---|---|---|
|  素材<br>shoujiPic.png<br>上传文件... | 1. mp3 |  素材<br>shoujiPic.png<br>1.mp3<br>2.mp3<br>3.mp3<br>4.mp3<br>shakeSound.mp3<br>上传文件... |
| | 2. mp3 | |
| | 3. mp3 | |
| | 4. mp3 | |
| | shakeSound. mp3 | |

2）逻辑设计

（1）当手机摇晃时，"音乐摇摇乐"需控制手机发出震动，同时播放摇晃音乐。

使用加速度传感器组件的"被晃动"事件感知手机是否处于摇晃状态。若 AccelerometerSensor1 组件感知到手机正处于摇晃状态，则需要 Player1 组件播放摇晃音乐，并利用 Player1 组件的"震动"方法控制手机发出震动。

所需要的编程模块及其参数设置如图 3-14 所示。

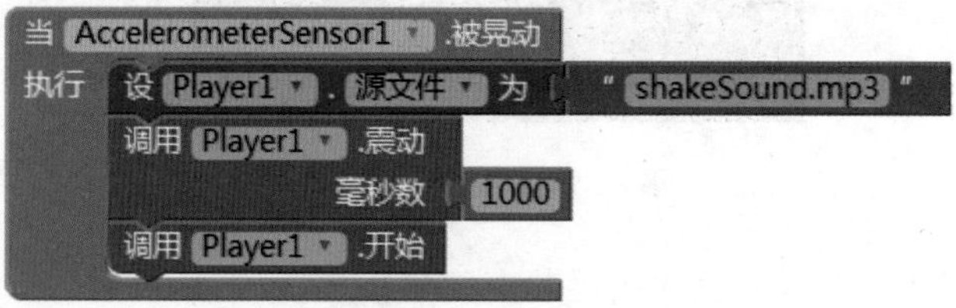

图 3-14　加速度传感器组件逻辑设计

（2）当手机摇晃之后（即"摇晃音乐"播放结束之后），"音乐摇摇乐"从 Media 面板中的 1. mp3、2. mp3、3. mp3、4. mp3 中随机选择一首进行播放，并且本环节是在"摇晃音乐"播放完成之后进行的。因此，本环节需要 Player1 组件的"已完成"事件，列表选项卡中的"创建列表"（make a list）和"随机选取列表项"的（pick a random item）模块。

所需要的编程模块及其参数设置如图 3-15 所示。

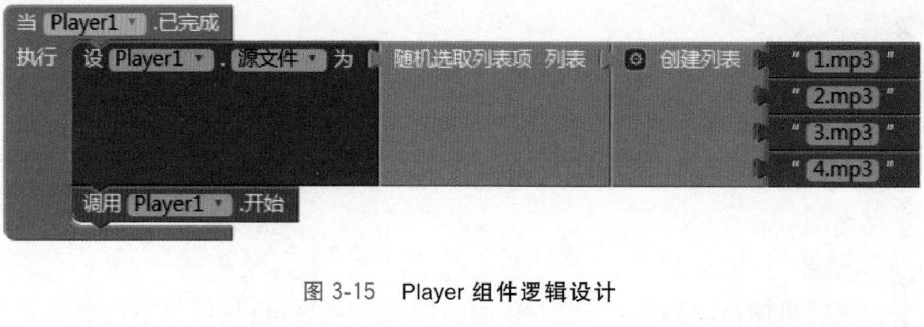

图 3-15　Player 组件逻辑设计

连接 Android 手机（或 Android 平板）进行调试。怎么样？切换音乐的方式很酷吧！

💠**试一试：**

（1）可否在本专题的基础上为你的"音乐摇摇乐"增加一些色彩？——即在切换音乐的同时更换背景颜色。

（2）生活中经常玩"随机摇奖"的游戏，利用本专题中学到的组件，可否完成一个"摇奖"的 App 应用程序？

（3）长期使用计算机的人，手腕僵硬容易变成鼠标手，可否设计一个 App 游戏来放松你的手腕，增强手腕部分的血液循环？——规定时间内，摇晃手机的次数最高者获胜。（计时功能的设置，可参考 3.3 节）

## 3.3　App 专题 3——打地鼠

Ⅰ.专题描述

"打地鼠"游戏是最常见的游戏，通过击打随机出现的"地鼠"累计得分，类似的 Flash 游戏也很多。然而，如何使用 App Inventor 2 设计并制作一款有趣的手机"打地鼠"应用程序呢？本专题将为你揭晓谜底。

"打地鼠"应用程序中，需要在规定时间内，通过手指单击手机屏幕或平板屏幕上随机出现的"地鼠"，获得相应的得分。击中"地鼠"时，可以感受到手机的震动效果。"打地鼠"应用程序的运行效果如图 3-16 所示。

**图 3-16　应用程序"打地鼠"运行效果**

2.学习目标

（1）理解并掌握计时器组件对游戏中定时与计时的作用。

（2）掌握对话框组件的信息提醒作用。

（3）掌握画布组件对打地鼠场景界面设置的作用。

（4）掌握图像精灵"被触摸"函数的作用。

### 3. 运行原理

应用程序"打地鼠"的基本原理是感知手机屏幕上的触点，并判断该触点的坐标是否为"地鼠"所在位置，若是则表示"已打中地鼠"，进行计分；若否则表示"未打中地鼠"，不计分。应用程序中"地鼠"在随机位置出现，一定时间间隔后再次在随机位置出现。

应用程序"打地鼠"中"地鼠"对象的具体动作情况如表 3-8 所示。

表 3-8  "地鼠"对象与应用程序动作

| "地鼠"对象 | 应用程序的动作 |
| --- | --- |
| "地鼠"对象出现的位置 | 指定 9 个洞中随机出现 |
| 手指点中地鼠 | 震动手机，累计得分＋1 |
| 手机未点中地鼠 | 不得分 |

图 3-17 是"打地鼠"的工作流程。

### 4. 界面设计

"打地鼠"应用程序界面的 UI 设计界面可参考图 3-18，由 Screen、标签、画布、图像精灵 4 类组件即可完成。

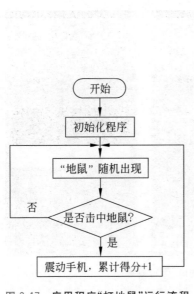

图 3-17  应用程序"打地鼠"运行流程

图 3-18  应用程序"打地鼠"界面设计

Screen、标签、画布、图像精灵 4 类组件的放置及其具体属性设置如表 3-9 所示。"打地鼠"的 UI 设计界面如图 3-19 所示。可以根据自己的想法进行界面的设计，更改组件的属性，如背景图片、按钮图片、地鼠图标、地洞图标等。

表 3-9　组件设计

| 组 件 放 置 | 组件 | 面板组 | 组件命名 | 组 件 属 性 | |
|---|---|---|---|---|---|
| 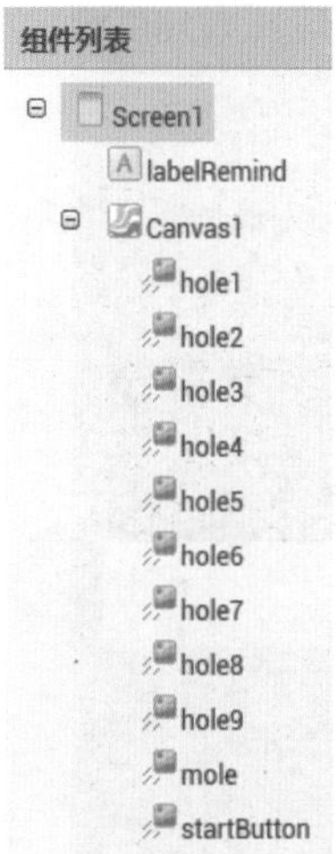 **组件列表**<br>⊟ ☐ Screen1<br>　Ⓐ labelRemind<br>⊟ 🖋 Canvas1<br>　🖼 hole1<br>　🖼 hole2<br>　🖼 hole3<br>　🖼 hole4<br>　🖼 hole5<br>　🖼 hole6<br>　🖼 hole7<br>　🖼 hole8<br>　🖼 hole9<br>　🖼 mole<br>　🖼 startButton | Screen | 默认 | Screen1 | 背景颜色：无<br>背景图片：grassBackground.gif<br>标题：打地鼠 | |
| | 标签 | 用户界面 | labelRemind | 文本：欢迎进入打地鼠游戏,限时20 秒!<br>文本对齐：居中<br>宽度：充满<br>高度：自动 | |
| | 画布 | 绘图动画 | Canvas1 | 背景颜色：无<br>背景图片：grassGround.gif | |
| | 图像精灵 | 绘图动画 | hole1 | X：35；Y：60 | 图片：hole.png<br>宽度：69 像素<br>高度：56 像素<br>Z 坐标：1.0 |
| | | | hole2 | X：125；Y：60 | |
| | | | hole3 | X：215；Y：60 | |
| | | | hole4 | X：35；Y：130 | |
| | | | hole5 | X：125；Y：130 | |
| | | | hole6 | X：215；Y：130 | |
| | | | hole7 | X：35；Y：200 | |
| | | | hole8 | X：125；Y：200 | |
| | | | hole9 | X：215；Y：200 | |
| | | | mole | 图片：mole.png<br>宽度：69 像素<br>高度：56 像素<br>Z 坐标：2.0 | |
| | | | startButton | 图片：start.gif<br>宽度：320 像素<br>高度：56 像素<br>X 坐标：0<br>Z 坐标：1.0<br>(根据屏幕尺寸设置 Y 坐标：445) | |

　　应用程序"打地鼠",要求在启动时出现"开始"提示消息,在游戏结束时出现"得分"提示消息,则需要对话框组件,如图 3-20 所示。

　　若"打地鼠"游戏需要限时进行,同时要求"地鼠"定时随机出现,需要使用计时器组件。应用程序"打地鼠"要求在击中"地鼠"后,有震动手机的效果,则需使用专题 2 中学过的音频播放器组件。组件对话框、计时器和音频播放器是非可视组件,不影响 UI 的设计界面。

图 3-19 应用程序"打地鼠"界面设计

图 3-20 对话框(Notifier)组件运行效果

对话框、计时器和音频播放器等组件的具体属性设置如表 3-10 所示。

表 3-10 组件设计

| 组 件 放 置 | 组件 | 面板组 | 组件命名 | 组 件 属 性 |
|---|---|---|---|---|
| 组件列表<br><br>⊟ Screen1<br>　A labelRemind<br>⊞ Canvas1<br>　⚠ 对话框1<br>　⏱ MoleTime<br>　⏱ GameTime<br>　▶ 音频播放器1 | 对话框 | 用户面板 | 对话框1 | 默认 |
| | 计时器 | 传感器 | MoleTime | 启用计时：否<br>(地鼠的计时器) |
| | | | GameTime | 启用计时：否<br>计时间隔：20000<br>(游戏的计时器) |
| | 音频播放器 | 用户面板 | 音频播放器1 | 默认 |

5. 编程实现

1) 素材准备

"打地鼠"应用程序的"开始"按钮,在游戏开始前与开始后的背景图片不同,需事先上传背景图片素材 start2.gif 至素材面板,如图 3-21 所示。

初始化程序：消息提示"游戏开始"、初始化组件模块属性及变量参数。

图 3-21 素材文件上传

"打地鼠"在启动时需对应用程序各个模块的参数及变量进行初始化,具体设置如表 3-11 所示。

表 3-11　初始化程序——各个模块的参数设置

| 模块/变量 | 选项卡组 | 模块属性/变量参数 | 说　明 |
| --- | --- | --- | --- |
| 定义变量 holeX | 变量 | 空的列表 | 存放各个"地洞"的 X 坐标 |
| 定义变量 holeY | 变量 | 空的列表 | 存放各个"地洞"的 Y 坐标 |
| 定义变量 time | 变量 | 20 | 存放游戏的限制时间,初始化为 20（以 20s 为例） |
| 定义变量 score | 变量 | 0 | 存放游戏中的得分数,初始化为 0 |
| 对话框 1 | 对话框 1 | 消息：游戏开始!<br>标题：温馨提示：<br>按钮文本：返回 | 消息提示：游戏开始 |
| GameTimer | GameTimer | 启用计时：false | 游戏限时计时器 |
| MoleTimer | MoleTimer | 启用计时：false | 地鼠出现限时计时器 |
| mole | mole | 启用：false | 图像精灵：地鼠图标 |
| startButton | startButton | 启用：true | 图像精灵：开始按钮 |

2）逻辑设计

（1）"打地鼠"应用程序初始化逻辑设计如图 3-22 所示。

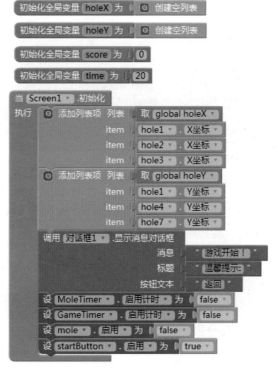

图 3-22　应用程序"打地鼠"初始化逻辑设计

（2）"打地鼠"开始按钮——startButton 模块编程。startButton 组件是属于图像精灵组件，但可作为按钮使用。单击 startButton，开始游戏，即启用组件 mole、MoleTime、GameTime，同时组件 startButton 的背景图切换为无字效果，设置 startButton 组件为不启用状态。此外，需重置变量 time 为 20、score 为 0，如图 3-23 所示。

图 3-23　**开始按钮 startButton 组件逻辑设计**

（3）"地鼠"定时随机出现。利用计时器 MoleTimer，可以完成"地鼠"定时随机出现的功能。此处，因计时器 MoleTimer 设置"地鼠"出现频率为每秒 1 次，故可附加上倒计时的功能；若想设置"地鼠"的出现频率为其他参数，可再增加一个单独的计时器。本专题"地鼠"定时随机出现的具体模块编程如图 3-24 所示。

图 3-24　**地鼠定时随机出现代码设计**

（4）"累计得分"模块编程。当手指触碰到"地鼠"的图像精灵 mole 时，累计得分"＋1"，同时震动手机 500ms，其具体模块编程如图 3-25 所示。

图 3-25　**累计得分代码设计**

（5）游戏限时结束。利用计时器 GameTime，可以轻松完成游戏的"限时结束"功能。当游戏结束时，需向用户反馈得分情况，同时禁用组件 MoleTime、GameTime、mole，启用 startButton 组件并更换该组件图片为 start.gif。"得分消息"功能可利用 Notifier1（对话框）组件完成。以限时 20s 为例，该环节的具体模块编程如图 3-26 所示。

图 3-26 限时结束代码设计

发挥你的创意，做一个属于你的"打地鼠"游戏吧！

---

**试一试：**

（1）可否在本专题的基础上，为你的"打地鼠"增加更多的功能？如自行设置挑战时间、增加背景音乐、增加地鼠或地洞的数量等。

（2）有游戏就有关卡，可否在本专题的基础上增加不同难度的关卡，以满足不同人群的挑战？关卡的难度设置可从以下几方面思考：地鼠出现的频率、地洞的数量、限制的时间等。

（3）高手玩家最引以为豪的便是他们的游戏得分记录，请思考为你的"打地鼠"应用程序增加一个"得分记录"功能（游戏得分的存储，可参考 3.4 节）。

---

## 3.4 App 专题 4——相片通信录

**I. 专题描述**

每当接到家里人的关心电话时，无论身处何时何地都会倍感温暖。然而并不是所有的家人都能这么容易地送来温暖，患上"老花眼"的老人们因看不清电话号码，难以与远处的家人通话联系。是否可以设计这样一款 App：使用者不用输入电话号码，只需轻松地单击家人的头像就可以进行拨号通话？本专题的"相片通信录"将为老人们解决这样的烦恼。

"相片通信录"应用程序中有两个屏幕界面，即"相片通信录"界面和"联系人详情"界面。

"相片通信录"界面中，通过单击"联系人头像"即可进行拨号。"联系人详情"界面中，

使用者可以添加或更改联系人头像和具体信息。"相片通信录"应用程序的运行界面如图 3-27 所示。

图 3-27　程序运行界面

2. 学习目标

（1）掌握联系人选择框组件的联系人选择功能。

（2）掌握图像选择框组件的图片选择功能。

（3）掌握微数据库的微数据存储来记录联系人的图片形象。

（4）掌握不同 Screen 屏幕之间的跳转与值的传递。

3. 运行原理

应用程序"相片通信录"的基本原理是单击"照片按钮"执行拨号；若未检索到"联系人"，则提示：未找到联系人信息，请添加联系人。长按按钮则可以进入"联系人详情"界面，进行"联系人"的添加和更改；长按"联系人姓名"和"联系人号码"则可以进行更改。"按钮"组件有点击事件与慢点击事件之分，可以利用这两个事件完成联系人的添加和更改两个功能；应用程序"相片通信录"的屏幕 Screen1 与屏幕 Screen2 中"按钮"组件的具体动作情况如表 3-12 所示。

表 3-12　按钮组件与应用程序动作

| 屏　　幕 | 按 钮 组 件 | 应用程序的功能 |
|---|---|---|
| Screen1 | No. 1～6 | 点击：拨号 |
| | | 慢点击：跳转 Screen2 |

续表

| 屏　　幕 | 按 钮 组 件 | 应用程序的功能 |
|---|---|---|
| Screen2 | BackButton | 点击：跳转 Screen1 |
| | ButtonPicture | 点击：选择图片 |
| | ButtonName | 点击：选择联系人 |
| | | 慢点击：更改姓名 |
| | ButtonPhoneNumber | 慢点击：更改电话号码 |

图 3-28 是"相片通信录"的工作流程。

### 4. 界面设计

1）Screen1 屏幕

"相片通信录"应用程序 Screen1 屏幕界面的 UI 设计界面可参考图 3-29，使用 Screen、标签、按钮、水平布局 4 类组件即可完成。

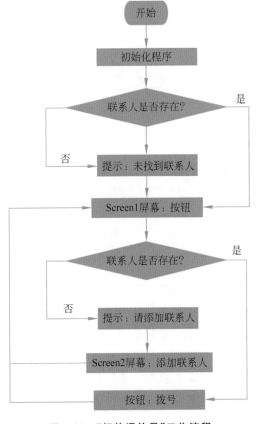

图 3-28　"相片通信录"工作流程

图 3-29　界面设计

Screen、标签、按钮、水平布局 4 类组件的放置及其具体属性设置，如表 3-13 所示。

表 3-13　**组件设计**

| 组 件 放 置 | 组件 | 面板组 | 组件命名 | 组 件 属 性 |
|---|---|---|---|---|
| 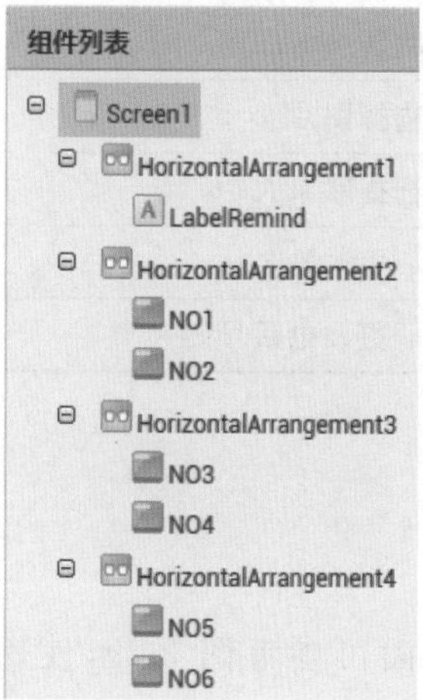 **组件列表**<br>⊟ 📱 Screen1<br>　⊟ 🔲 HorizontalArrangement1<br>　　🅰 LabelRemind<br>　⊟ 🔲 HorizontalArrangement2<br>　　🖼 NO1<br>　　🖼 NO2<br>　⊟ 🔲 HorizontalArrangement3<br>　　🖼 NO3<br>　　🖼 NO4<br>　⊟ 🔲 HorizontalArrangement4<br>　　🖼 NO5<br>　　🖼 NO6 | Screen | 默认 | Screen1 | 水平对齐：居中<br>标题：相片通信录 |
| | 标签 | 用户界面 | LabelRemind | 字号：18<br>文本："温馨提示：拨号请点击，编辑请长按" |
| | 按钮 | 用户界面 | NO1 | 宽度：160 像素<br>高度：160 像素 |
| | | | NO2 | 宽度：160 像素<br>高度：160 像素 |
| | | | NO3 | 宽度：160 像素<br>高度：160 像素 |
| | | | NO4 | 宽度：160 像素<br>高度：160 像素 |
| | | | NO5 | 宽度：160 像素<br>高度：160 像素 |
| | | | NO6 | 宽度：160 像素<br>高度：160 像素 |
| | 水平布局 | 界面布局 | HorizontalArrangement1 | 水平对齐：居中<br>垂直对齐：居中<br>宽度：充满<br>高度：40 像素 |
| | | | HorizontalArrangement2 | 水平对齐：居中<br>宽度：充满 |
| | | | HorizontalArrangement3 | 水平对齐：居中<br>宽度：充满 |
| | | | HorizontalArrangement4 | 水平对齐：居中<br>宽度：充满 |

　　"相片通信录"Screen1 界面的 UI 设计界面如图 3-30 所示。用户可以根据自己的想法进行界面的设计，更改组件的属性，如背景图片、标签文字颜色等。

　　应用程序"相片通信录"，需要对联系人的信息及图形进行存储和读取，同时满足消息提示和拨号功能。因此，需使用电话拨号器、对话框、微数据库 3 类组件，如图 3-31 所示。

　　电话拨号器、对话框、微数据库都是非可视组件，其具体属性的设置如表 3-14 所示。

　　2）Screen2 屏幕

　　应用程序"相片通信录"的 Screen2 屏幕是"联系人详情"界面，其 UI 设计界面可参考图 3-32，由水平布局、按钮、标签 3 类组件完成。

图 3-30 界面设计效果

图 3-31 应用程序运行图

表 3-14 组件设计

| 组 件 放 置 | 组 件 | 面板组 | 组件命名 | 组件属性 |
|---|---|---|---|---|
| **组件列表**<br><br>⊟ 📱 Screen1<br>  ⊕ HorizontalArrangement1<br>  ⊕ HorizontalArrangement2<br>  ⊕ HorizontalArrangement3<br>  ⊕ HorizontalArrangement4<br>  📞 PhoneCall1<br>  ⚠ Notifier1<br>  🗄 ContactTinyDB | 电话拨号器 | 社交应用 | PhoneCall1 | 默认 |
| | 对话框 | 用户界面 | Notifier1 | 默认 |
| | 微数据库 | 数据存储 | ContactTinyDB | 默认 |

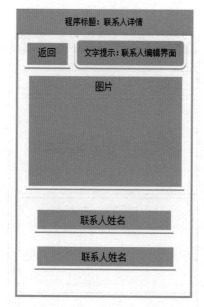

图 3-32　Screen 2 界面设计

　　水平布局、按钮、标签 3 类组件的放置及属性设计，如表 3-15 所示。

表 3-15　组件设计

| 组　件　放　置 | 组件 | 面板组 | 组件命名 | 组　件　属　性 |
|---|---|---|---|---|
| 组件列表<br>Screen2<br>　HorizontalArrangement1<br>　　BackButton<br>　　LabelRemind<br>　HorizontalArrangement2<br>　　ButtonPicture<br>　HorizontalArrangement3<br>　　LabelName<br>　　ButtonName<br>　HorizontalArrangement4<br>　　LabelPhoneNumber<br>　　ButtonPhoneNumber | 水平布局 | 界面布局 | HorizontalArrangement1 | 水平对齐：居中<br>宽度：充满 |
| | | | HorizontalArrangement2 | 水平对齐：居中<br>垂直对齐：居中<br>宽度：充满<br>高度：320 像素 |
| | | | HorizontalArrangement3 | 水平对齐：居中<br>宽度：充满<br>高度：60 像素 |
| | | | HorizontalArrangement4 | 水平对齐：居中<br>宽度：充满<br>高度：60 像素 |
| | 按钮 | 界面布局 | BackButton | 文本：返回 |
| | | | ButtonPicture | 宽度：300 像素<br>高度：300 像素 |
| | | | ButtonName | 宽度：250 像素<br>高度：55 像素 |

续表

| 组件放置 | 组件 | 面板组 | 组件命名 | 组件属性 |
|---|---|---|---|---|
| | 按钮 | 界面布局 | ButtonPhoneNumber | 宽度：250 像素<br>高度：55 像素 |
| | 标签 | 用户界面 | LabelRemind | 文本："温馨提示：联系人编辑界面" |
| | | | LabelName | 文本："姓名：" |
| | | | LabelPhoneNumber | 文本："号码：" |

应用程序"相片通信录"的"联系人详情"界面中，需要完成功能有联系人的添加与修改、图片的添加、消息提示、数据储存等，需要组件有联系人选择框、图片选择框、对话框、微数据库，其具体属性设置如表 3-16 所示。

表 3-16　组件设计

| 组件放置 | 组件 | 面板组 | 组件命名 | 组件属性 |
|---|---|---|---|---|
| 组件列表<br>Screen2<br>　HorizontalArrangement1<br>　HorizontalArrangement2<br>　HorizontalArrangement3<br>　HorizontalArrangement4<br>　ContactPicker1<br>　ImagePicker1<br>　ContactTinyDB<br>　Notifier1<br>　Notifier2 | 联系人选择框 | 社交应用 | ContactPicker1 | 显示状态：false |
| | 图片选择框 | 多媒体 | ImagePicker1 | 显示状态：false |
| | 微数据库 | 数据存储 | ContactTinyDB | 默认 |
| | 对话框 | 用户界面 | Notifier1 | 默认 |
| | | | Notifier2 | |

### 5. 编程实现

（1）Screen1 屏幕

"相片通信录"应用程序在启动时，需将"微数据库"组件中的图片显示在按钮 NO1～6 上，若初次启动无数据则提醒使用者：您还没有录入联系人信息，请长按按钮，添加联系人！"微数据库"组件中的数据存储结构为列表形式，具体如表 3-17 所示。

表 3-17　组建设计

| Tag | Index(list 列表) | Value 说明(list 列表) |
|---|---|---|
| NO1～6 | 1 | 存放联系人的姓名 |
| | 2 | 存放联系人的电话号码 |
| | 3 | 存放图像的地址 |

Screen1 的初始化程序、变量设置、按钮 NO1 编程设计如图 3-33 所示。按钮 NO2、NO3、NO4、NO5 和 NO6 编程与按钮"NO1"相似，具体不再赘述。

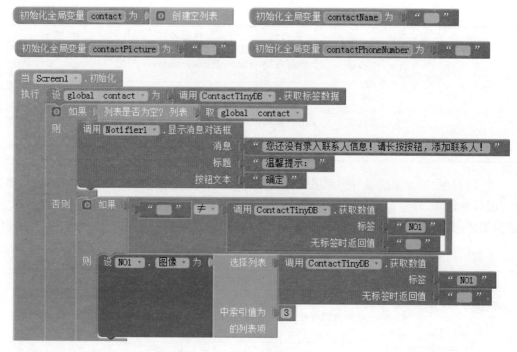

图 3-33　参考程序

　　"相片通信录"应用程序的"相片通信录"界面中，单击按钮"NO1～6"则进行拨号，若无联系人则提示："未找到该联系人的号码，请长按添加！"以按钮 NO1 为例，具体模块编程操作如图 3-34 所示。

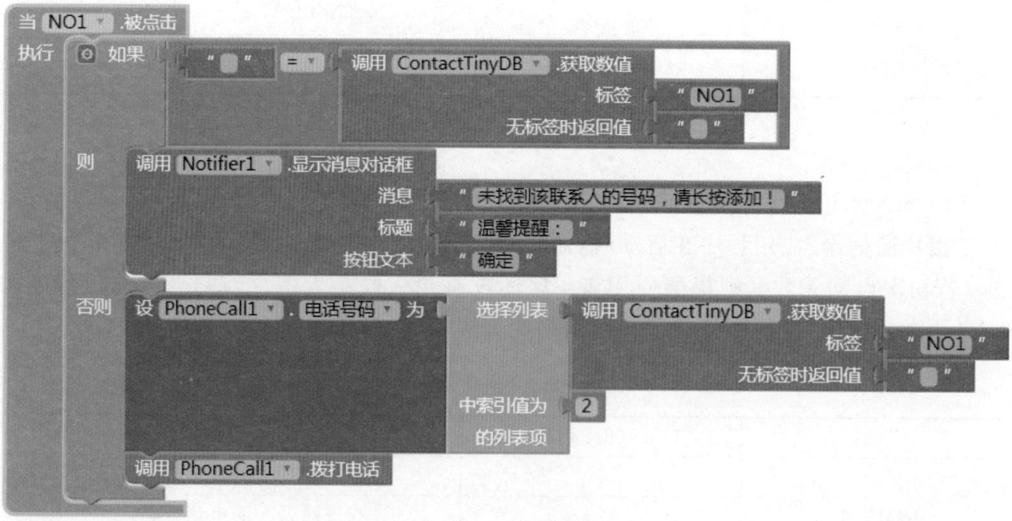

图 3-34　模块编程参考程序

　　当长按按钮"NO1～6"时，屏幕跳转至"Screen2"——"联系人详情"界面，并将按钮的编号传递至 Screen2，以按钮 NO1 为例，具体的模块编程如图 3-35 所示。

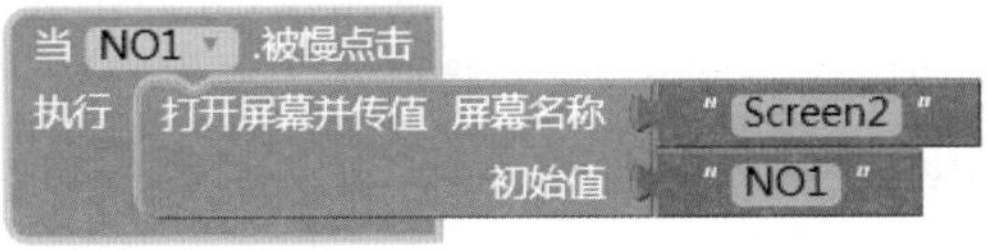

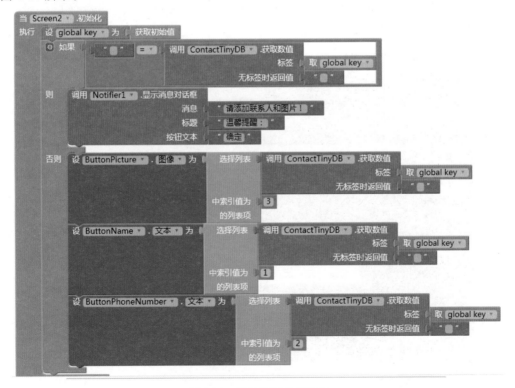

图 3-35　模块编程参考程序

（2）Screen2 屏幕

初始化变量 key、ImagePath、contactName、contactPhoneNumber，其具体的作用和变量类型如表 3-18 所示。

表 3-18　变量设计

| 变 量 名 | 变量类型 | 变量值 | 说 明 |
|---|---|---|---|
| key | |  | 获取 Screen1 传递的值 |
| ImagePath | 文本 | | 图片的路径 |
| contactName | | | 联系人姓名 |
| contactPhoneNumber | | | 联系人号码 |

Screen2 初始化时，获取 Screen1 屏幕跳转时传递的值，并显示 ContactTinyDB（微数据库）中的数据，若无数据则提示使用者："请添加联系人和图片！"具体的模块编程如图 3-36 所示。

图 3-36　模块编程参考程序

当单击 ButtonPicture 按钮,则选择联系人的图像,并显示在 ButtonPicture 按钮上;当单击 ButtonName 按钮时,选择联系人,并将联系人姓名显示在 ButtonName 按钮上,将联系人号码显示在 ButtonPhoneNumber 按钮上。具体的模块编程如图 3-37 所示。

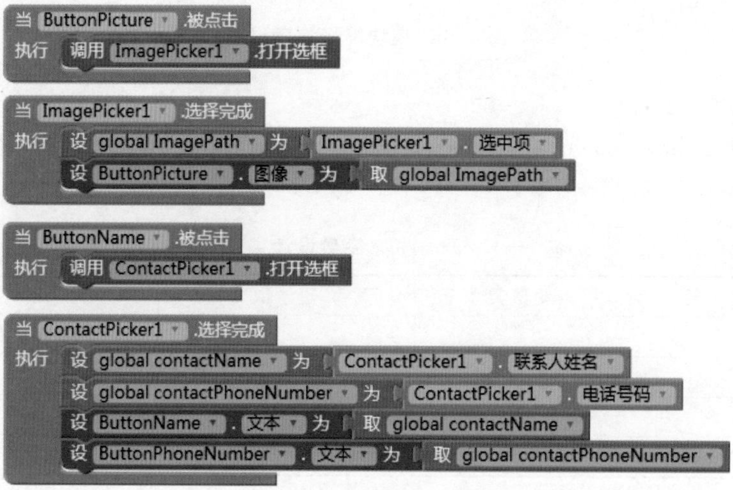

图 3-37　模块编程参考程序

当长按按钮 ButtonName 和 ButtonPhoneNumber 时,则执行信息的更改,即调用 Notifier(对话框)进行信息的输入和修改;若无信息则提示:请输入联系人名字。具体的模块编程如图 3-38 所示。

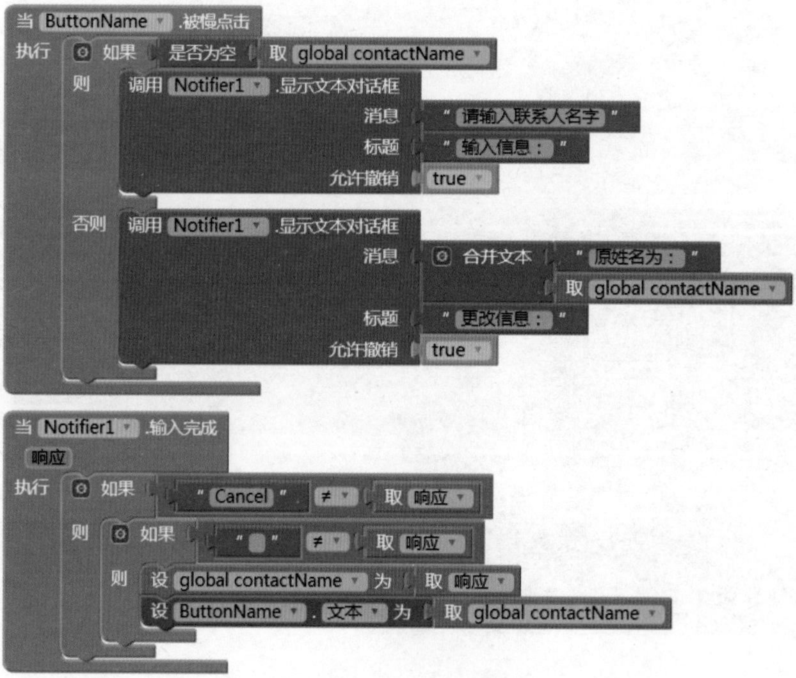

图 3-38　模块编程参考程序

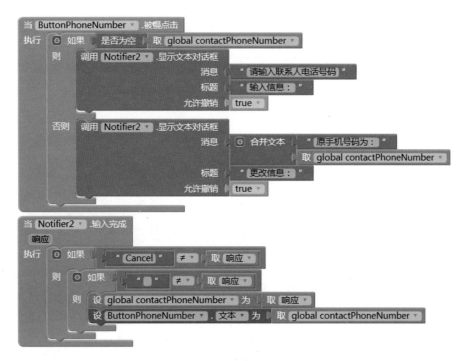

图　3-38（续）

当单击 BackButton 按钮时，则进行数据的存储，若无数据则进行相应的提示，具体的模块编程如图 3-39 所示。

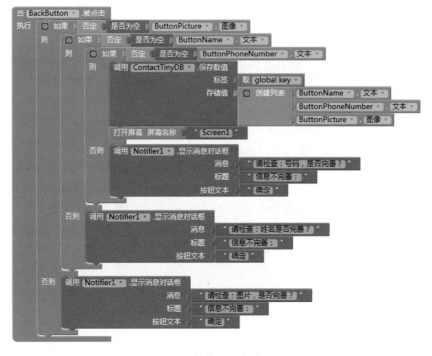

图 3-39　模块编程参考程序

发挥你的创意,根据家人的需求量身定制一款"相片通信录"吧!

> 试一试:本专题是利用按钮完成"相片通信录"的拨号功能,帮助老人解决了因"老花眼"而难以顺利拨号的问题,是否还有其他更方便的方法及途径呢?如语音拨号等,感兴趣的同学可以尝试一下。

## 3.5 App 专题 5——GPS 计步器

### 1. 专题描述

人们常说"身体是革命的本钱",而"健康"二字无论是对于正在学习的学生,还是努力工作的成年人,都是至关重要的。因此,市面上出现了许多辅助运动锻炼的产品,如小米手环、谷歌手表等健康手环手表,这些产品有一个功能便是记录使用者每天的运动量,如行走的步数。为何不用 App Inventor 2 开发平台,动手设计一个属于自己的计步器呢!本专题将为你揭晓应用程序"GPS 计步器"的开发制作过程。

顾名思义,在使用"GPS 计步器"应用程序时,会记录使用者的行走步数,同时结合 GPS 信息在地图上实时显示使用者的行走轨迹。同时,使用者还可以查看自己的历史行走记录,包括行走的步数和行走的时间。"GPS 计步器"应用程序的运行效果如图 3-40 所示。

### 2. 学习目标

(1)掌握位置传感器的使用。

(2)掌握 Activity 启动器调用其他 App 应用程序的功能。

(3)掌握 Web 浏览框及 Web 客户端组件的使用。

(4)理解并掌握自定义全局变量对于数据累计的作用。

(5)掌握自定义程序的设置与使用。

### 3. 运行原理

应用程序"GPS 计步器"的功能可分成 3 个部分,即记录步数、GPS 地图定位、历史记录。功能 1:记录步数是利用加速度传感器感知使用者行走时的摇晃来完成的——行走时,每走一步身体都会有不同程度的摇晃;功能 2:GPS 地图定位则是利用位置传感器感知手机的坐标,并利用百度地图的 API 接口在地图上显示使用者的行走轨迹;功能 3:历史记录是利用微数据库组件进行数据的存储与记录,如表 3-19 所示。

该应用程序分为两个 Screen:Screen1 中完成"记录步数""GPS 地图定位"界面;Screen2 则是"历史数据"的呈现与操作界面。

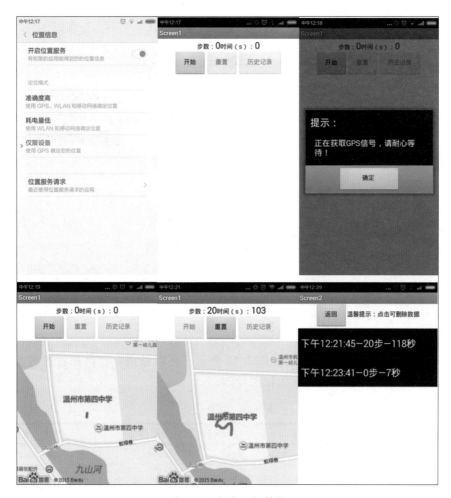

图 3-40　程序运行效果

表 3-19　应用程序"GPS 计步器"的功能分析

| 应用程序的功能 | 功能的原理 |
| --- | --- |
| 记录步数 | 人在行走时,身体会有不同程度的摇晃(或振动),加速度传感器可感知这种振荡 |
| GPS 地图定位 | 通过手机 GPS 的定位功能获取手机坐标,并利用百度地图的 API 接口显示坐标变化轨迹 |
| 历史记录 | 通过微数据库组件进行数据的存储,并通过 Screen2 屏幕中的列表显示框组件完成数据的显示与进一步操作功能 |

图 3-41 是"GPS 计步器"的工作流程。

4. 界面设计

1)Screen1 屏幕

"GPS 计步器"应用程序界面的 Screen1 界面可参考图 3-42,由 Screen、水平布局、标签、按钮和 Web 浏览框 5 类组件即可完成。各组件的放置及具体属性设置,如表 3-20所示。

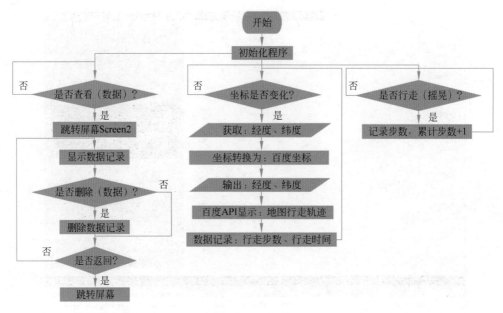

图 3-41　**工作流程**

　　"GPS 计步器"的 Screen1 界面如图 3-43 所示。可以根据自己的想法进行界面的设计，更改组件的属性，如背景图片、按钮图片等。

表 3-20　**组件设计**

| 组件放置 | 组件 | 面板组 | 组件命名 | 组件属性 |
|---|---|---|---|---|
| **组件列表**<br>⊟ ☐ Screen1<br>　⊟ ▦ HorizontalArrangement1<br>　　Ⓐ LabelStep<br>　　Ⓐ StepNumber<br>　　Ⓐ LabelTime<br>　　Ⓐ TimeNumber<br>　⊟ ▦ HorizontalArrangement2<br>　　▣ Start<br>　　▣ Restart<br>　　▣ hestoryData<br>　　▣ WebViewer1 | Screen | 默认 | Screen1 | 标题(Title)：GPS 计步器 |
| | 水平布局 | 用户界面 | HorizontalArrangement1 | 水平对齐：居中<br>宽度：充满 |
| | | | HorizontalArrangement2 | 水平对齐：居中<br>宽度：充满 |
| | 标签 | 用户界面 | LabelStep | 文本："步数：" |
| | | | StepNumber | 字号：20<br>文本：0 |
| | | | LabelTime | 文本："时间(s)：" |
| | | | TimeNumber | 字号：20<br>文本：0 |
| | 按钮 | 用户界面 | Start | 文本：开始 |
| | | | Restart | 文本：重置 |
| | | | hestoryData | 文本：历史记录 |
| | Web 浏览框 | 用户界面 | WebViewer1 | 高度：320 像素<br>宽度：320 像素 |

图 3-42　界面设计

图 3-43　界面设计效果

　　程序"GPS 计步器",要求在启动时出现一个 GPS 设置界面,如图 3-44 所示。同时要求在 GPS 信号未连接上时,单击"开始"按钮进行提醒,如图 3-45 所示。

图 3-44　GPS 设置界面

图 3-45　GPS 获取信号

若要完成以上两个功能,则需要组件对话框、Activity 启动器,这两个组件的具体属性设置如表 3-21 所示。

表 3-21　组件设计

| 组 件 放 置 | 组　件 | 面板组 | 组件命名 | 组 件 属 性 |
|---|---|---|---|---|
| 组件列表<br>⊟ 📱 Screen1<br>　⊞ ▦ HorizontalArrangement1<br>　⊞ ▦ HorizontalArrangement2<br>　　🌐 WebViewer1<br>　　⚠ Notifier1<br>　　⚡ Activity启动器 | 对话框 | 用户界面 | Notifier1 | 默认 |
| | Activity 启动器 | 传感器 | Activity<br>启动器 | Action:<br>android. settings. LOCAT<br>ION_SOURCE_SETTINGS |

应用程序"GPS 计步器"在 Screen1 屏幕中所要完成的功能是计时、记录行走步数、百度地图定位及轨迹标记、数据存储,其功能所对应的组件及其具体属性设置如表 3-22 所示。

表 3-22　组件设计

| 组 件 放 置 | 组　件 | 面板组 | 组件命名 | 组 件 属 性 |
|---|---|---|---|---|
| 组件列表<br>⊟ 📱 Screen1<br>　⊞ ▦ HorizontalArrangement1<br>　⊞ ▦ HorizontalArrangement2<br>　　🌐 WebViewer1<br>　　⚠ Notifier1<br>　　◉ AccelerometerSensor1<br>　　📍 LocationSensor1<br>　　⏱ Clock1<br>　　🗄 StepTinyDB<br>　　🌐 Web1<br>　　⚡ Activity启动器 | 计时器 | 传感器 | Clock1 | 启用计时:不选<br>计时间隔:1000 |
| | 加速度传感器 | 传感器 | AccelerometerSensor1 | 默认 |
| | 位置传感器 | 传感器 | LocationSensor1 | 间距:0<br>启用:√<br>TimeInterval:1000<br>(注释:经度、纬度坐标定位) |
| | Web 客户端 | 通信连接 | Web1 | 默认(注释:坐标转换) |
| | 微数据库 | 数据存储 | StepTinyDB | 默认(注释:存储数据) |
| | Activity 启动器 | 通信连接 | Activity 启动器 | Action:android. settings.<br>LOCATION _ SOURCE<br>_SETTINGS<br>(注释:打开 GPS 设置) |

2) Screen2 屏幕

应用程序"GPS 计步器"在 Screen2 屏幕中的界面可参考图 3-46,由 Screen、水平布局、按钮、标签、列表显示框 5 类组件完成。各组件的放置及其具体属性设置如表 3-23 所示。

表 3-23　组件设计

| 组 件 放 置 | 组　件 | 面板组 | 组件命名 | 组 件 属 性 |
|---|---|---|---|---|
|  | Screen | 默认 | Screen2 | 标题：运动数据记录 |
| | 水平布局 | 界面布局 | HorizontalArrangement1 | 水平对齐：居中 |
| | 按钮 | 用户界面 | ButtonBack | 文本：返回<br>（注释：经度、纬度坐标定位） |
| | 标签 | 用户界面 | LabelRemind | 文本："温馨提示：点击可删除数据" |
| | 列表显示框 | 用户界面 | DataListView | 默认<br>（注释：显示数据） |

　　"GPS 计步器"的 Screen2 界面如图 3-47 所示。可以根据自己的想法进行界面的设计，更改组件的属性，如背景图片、按钮图片等。

图 3-46　界面设计

图 3-47　界面设计效果

不同的 Screen 屏幕都可以访问 App Inventor 2 中的微数据库,屏幕 Screen2 也需使用微数据库组件,将其命名为 StepTinyDB,如图 3-48 所示。

图 3-48 组件列表

5. 编程实现

1) Screen1 屏幕

(1) 初始化程序。启动应用程序"GPS 计步器"时,需要初始化程序的组件及变量的参数,具体设置如表 3-24 所示。

表 3-24 初始化程序——各个模块的参数设置

| 模块/变量 | 选项卡组 | 模块属性/变量参数 | 说　明 |
| --- | --- | --- | --- |
| 定义变量 latZ | Variables | 空的文本 | 存放百度地图的纬度 |
| 定义变量 lngZ | Variables | 空的文本 | 存放百度地图的经度 |
| 定义变量 path | Variables | 空的文本 | 存放历次定位的经纬度,即地图上的轨迹 |
| 定义变量 once | Variables | 空的文本 | 存放百度 API 的经纬度转换后的返回信息 |
| StepNumber | StepNumber | 文本:0 | 初始化计步数为 0 步 |
| TimeNumber | TimeNumber | 文本:0 | 初始化计步数为 0 秒 |
| Clock1 | TimerEnabled | 启用:false | 运动计时器 |
| AccelerometerSensor1 | Enabled | 启用:false | 加速度传感器,感知行走时的震动或摇晃 |
| Restart | Restart | 启用:false | 重置计步器按钮 |
| hestoryData | hestoryData | 启用:true | 历史记录按钮 |
| Start | Start | 启用:true | 开始按钮 |

在初始化时,需提醒使用者开启手机 GPS 定位功能,可因此调用"Activity 启动器启动活动对象"函数。"GPS 计步器"初始化模块如图 3-49 所示。

(2) 开始按钮。若 GPS 信号连接正常则启用 Clock1、AccelerometerSensor1、Restart 组件,禁用 Start 组件;否则给予提示"正在获取 GPS 信号,请耐心等待!"。

通过判断转换后的"百度经度坐标"(变量 lngZ)是否为空,可知是否获取到 GPS 信号,具体模块编程如图 3-50 所示。

(3) 计时与计步功能的模块编程。计时功能:每过 1s,Clock1 组件触发一次 Timer 事件,可累计时间;计步功能:手机每震动或摇晃一次,AccelerometerSensor1 组件触发一次"被晃动"事件,可累计步数。具体模块编程如图 3-51 所示。

(4) GPS 坐标转换——自定义程序模块、Web 浏览框。GPS 传感器可获取到 GPS 的经度和纬度坐标。通过百度地图的坐标转换 API 接口,可将 GPS 格式的坐标转换为百度地图格式的坐标。其具体模块编程如图 3-52 所示。

初始化全局变量 latZ 为 " "

初始化全局变量 lngZ 为 " "

初始化全局变量 path 为 " "

初始化全局变量 once 为 " "

```
当 Screen1 . 初始化
执行    设 StepNumber . 文本 为 0
       设 TimeNumber . 文本 为 0
       设 Clock1 . 启用计时 为 false
       设 AccelerometerSensor1 . 启用 为 false
       设 Restart . 启用 为 false
       设 Start . 启用 为 true
       设 hestoryData . 启用 为 true
       调用 Activity启动器 . 启动活动对象
```

图 3-49　初始化模块

```
当 Start . 被点击
执行    如果    " " ≠ 取 global lngZ
       则     设 Clock1 . 启用计时 为 true
              设 AccelerometerSensor1 . 启用 为 true
              设 Start . 启用 为 false
              设 Restart . 启用 为 true

       否则    调用 Notifier1 . 显示消息对话框
                           消息 " 正在获取GPS信号，请耐心等待！ "
                           标题 " 提示： "
                         按钮文本 " 确定 "
```

图 3-50　模块编程参考程序

```
当 Clock1 . 计时
执行    设 TimeNumber . 文本 为    TimeNumber . 文本 + 1

当 AccelerometerSensor1 . 被晃动
执行    设 StepNumber . 文本 为    StepNumber . 文本 + 1
```

图 3-51　模块编程参考程序

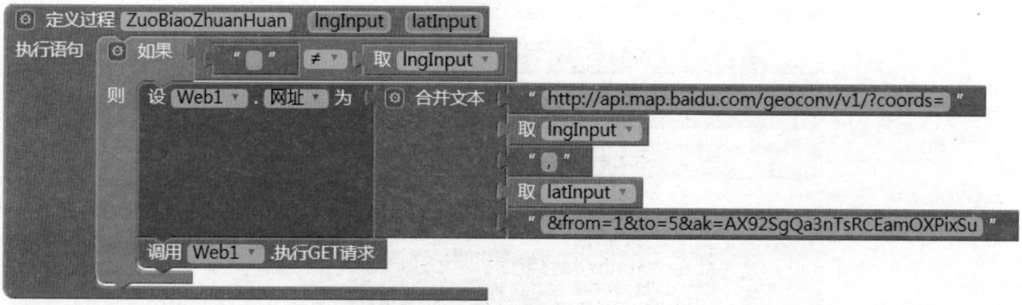

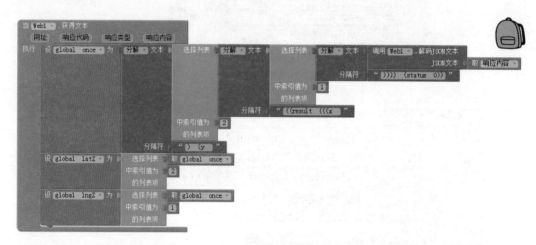

图 3-52　模块编程参考程序

通过百度地图的坐标转换 API 接口,转换好坐标之后,利用 Web 浏览框组件模块获取百度地图格式的坐标。具体模块编程如图 3-53 所示。

图 3-53　模块编程参考程序

(5)"百度地图定位"模块编程。当定位的经纬度坐标发生变化时,更新经纬度坐标并使用百度地图的静态图 API 可以实时显示使用者在百度地图上的运动轨迹。其具体模块编程如图 3-54 所示。

(6)"Restart(重置)按钮"模块编程。当单击"Restart(重置)"按钮时,需要调用StepTinyDB组件记录的使用者运动数据(包括记录日期、运动步数、运动时间),同时重置各组件模块的属性及变量的参数,其具体模块编程如图 3-55 所示。为方便数据的存储和显示,本次专题直接将数据存入 StepTinyDB 的 tag 标签中。

(7)"历史记录"按钮编程模块。由于不同的 Screen 屏幕可以访问同一个微数据库,因此当单击"历史记录"按钮时,只需跳转到 Screen2 屏幕即可,具体模块编程如图 3-56 所示。

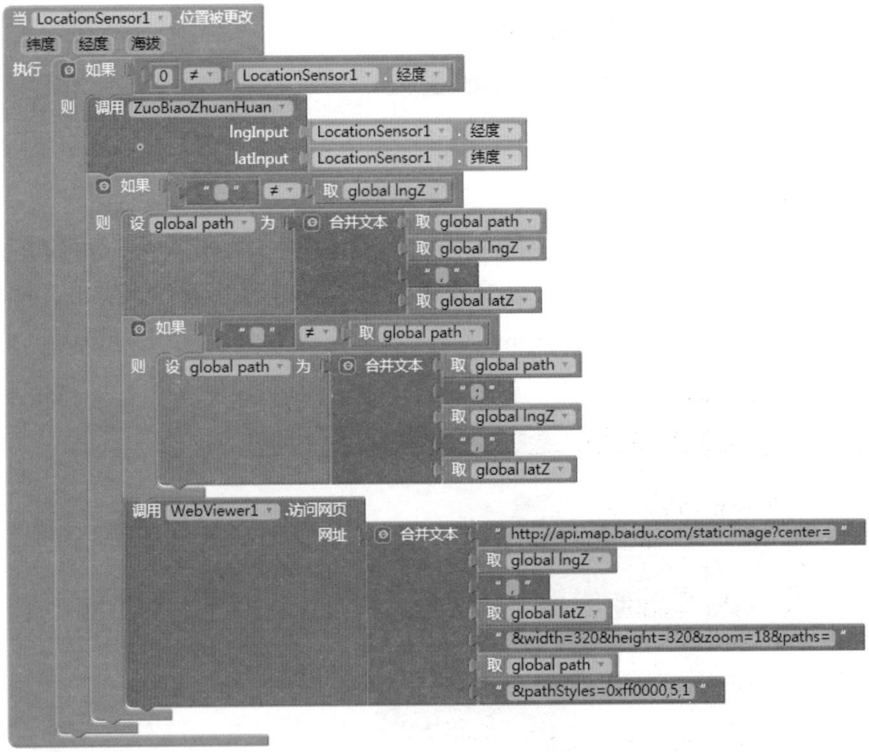

图 3-54　模块编程参考程序

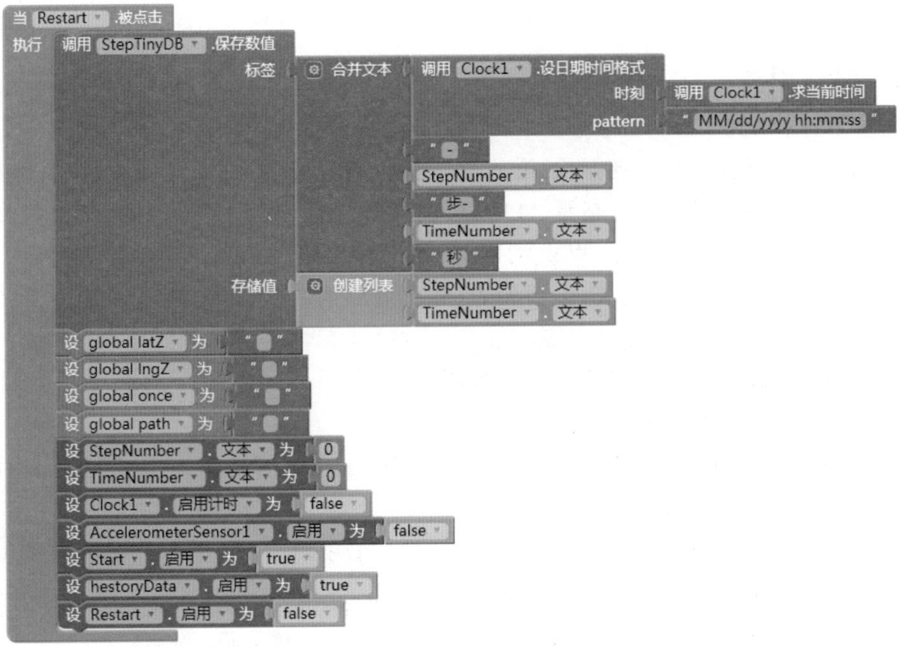

图 3-55　模块编程参考程序

图 3-56　模块编程参考程序

2）Screen2 屏幕

Screen2 屏幕初始化时，需将使用者的运动数据显示在 DataListView 组件上；同时当单击 DataListView 上的数据时，可以对选中的数据进行删除操作。使用者可以通过 ButtonBack（返回）按钮，返回到 Screen1 屏幕。具体模块编程如图 3-57 所示。

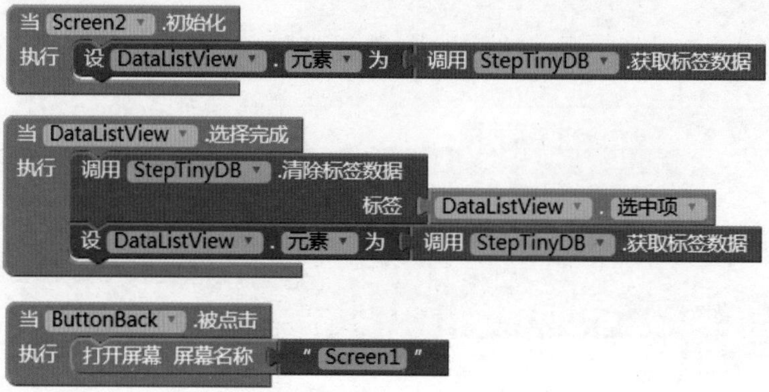

图 3-57　模块编程参考程序

快来动手制作你自己的运动 App 吧！

### 你学到了什么

本章中，你学到了以下知识：

- 各个组件的使用，包括图像、文本输入框、按钮、标签、加速度传感器、音频播放器、画布、对话框、图像精灵、计时器、图像选择框、联系人选择框、微数据库、电话拨号器、位置传感器、Web 浏览框、Web 客户端、Activity 启动器等组件。
- 逻辑设计中的编程模块，包括列表、随机选取列表项、屏幕跳转并传值、自定义过程、分解文本、合并文本等。
- 逻辑设计中的算法，包括得分累加、倒计时等。
- 百度地图 API 的调用。
- 各类 App 应用程序的制作，包括 BMI 健康测试仪、音乐摇摇乐、打地鼠、相片通信录、GPS 定位等。

### 动手练一练

（1）通过计步器可以了解自己每天所行走的步数，那么一个人每天所行走的距离是多少呢？请在本专题的基础上增加一个新功能——累计运动距离的计算。

（2）定向运动是一项非常有趣的户外运动项目，请利用本专题的知识设计一个"户外定向运动 App"，即随机产生几个打标点，使用者可通过地图按顺序找到打标点完成定向任务。

（3）本专题涉及百度地图中坐标转换 API 和静态地图 API 接口的使用，请结合各种有趣的 API 接口，如百度地图的车联网 API 接口，设计一款或有趣或实用的 Android 手机应用程序。

# 第4章 App Inventor 2 和 Arduino

App Inventor 2 不仅可以用于编写手机应用程序,还支持网络、蓝牙通信等功能,可以和智能设备,如 Arduino、树莓派和乐高机器人等进行通信和互动。本章选择 Arduino 为硬件,体验用手机控制外接智能设备的乐趣。

## 4.1 Arduino 和 Mixly

### 4.1.1 Arduino 简介

Arduino 是一款最初为非电子工程专业学生设计的开源电子原型制作平台,常见的 Arduino 主板如图 4-1 所示。因为 Arduino 主板采用了 Creative Commons 许可,加上价格低廉,故而很快风靡全球,吸引了许多电子爱好者开发、使用。借助 Arduino 平台,即使非电子专业人员也可以动手制作各种有趣的"互动"作品,实现通过各种各样的传感器和装置来感知或者影响外界环境,如感知光线、控制灯光、控制电动机等。

图 4-1　Arduino UNO

Arduino 主板采用了可堆叠式设计,可以通过各种扩展板简单地与传感器、舵机、LED 等各式各样的电子元件连接。Arduino UNO 主板是 USB 接口系列的基础版本,应用最为广泛。在淘宝网上输入关键字:Arduino,能搜出很多关于 Arduino 的商品。国内比较著名的 Arduino 厂商有 DFRobot、Seeed Studio 等。

### 4.1.2　Mixly 简介

Arduino 包含硬件和软件两个部分：硬件部分是用来做电路连接的 Arduino 电路板；软件部分是 Arduino IED，即计算机的程序开发环境。为了降低编程门槛，有创客或者厂商为 Arduino 开发了图形化编程平台，如 ArduBlock、Mixly 等。本书采用 Mixly 作为 Arduino 的开发环境。

Mixly 的中文名为米思齐，是一款由北京师范大学创客教育实验室傅骞教授团队开发的图形化编程软件，其编程界面如图 4-2 所示。Mixly 与 App Inventor 2 一样，都是基于 Blockly 开发的图形化编程软件。图形化的编程界面，大大降低了 Arduino 编程的技术门槛。与其他图形化编程软件或插件相比较，Mixly 的编程界面更简约，但是功能非常强大。特别值得一提的是，其所具有的拓展性使用户可以库的形式调用或拓展之前编写的程序。目前 Mixly 已经成为 Arduino 初级用户，尤其是 Arduino 学生用户进行动手创造的重要利器。

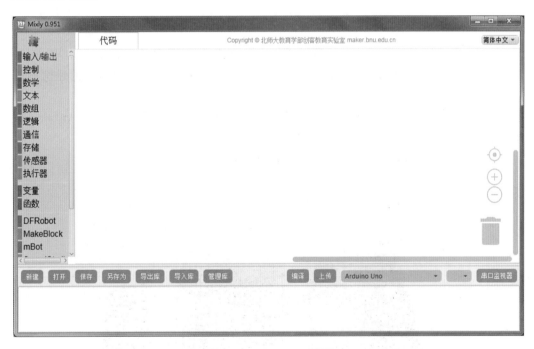

图 4-2　Mixly 0.951 界面

Mixly 图形化编程软件可登录网站：http://maker.bnu.edu.cn/index.php/mixly/下载。Mixly 图形化编程软件无须安装，自带 Java 8 运行环境，解压后双击 Mixly.vbs 即可启动，如图 4-3 所示。

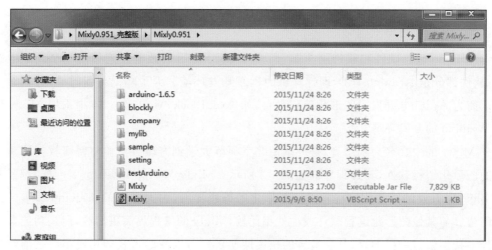

图 4-3　启动 Mixly

# 4.2　基于蓝牙的串口通信

Android 手机和 Arduino 互动可以通过多种方式进行,常见的方式是通过 Wi-Fi 和蓝牙进行互动控制。自带 Wi-Fi 模块的 Arduino 并不多见,Arduino 最常见的通信方式是蓝牙通信。

下面以 DFRobot 出品的蓝牙模块(DF-Bluetooth V3)为例,介绍手机和 Arduino 的蓝牙通信过程,手机操作系统的版本为 Android 5.0 以上。

材料准备:Arduino Uno、V7 扩展板和 DF-Bluetooth V3,如图 4-4 所示。

图 4-4　DF-Bluetooth V3

### 4.2.1　试验 1——将 Arduino 的串口信息显示在手机上

Ⅰ. 准备工作

1）设置蓝牙模块的波特率

DF-Bluetooth V3 的默认波特率是 9600Band/s，Mixly 的默认波特率也是 9600Band/s，所以这种蓝牙模块不需要做任何特殊的配置。如果需要改变波特率，可参考 DFRobot 官方网站的相关教程。

2）将蓝牙模块连上 Arduino

连接时 Bluetooth V3 与 V7 扩展板的蓝牙接口要对应，具体操作如图 4-5 所示。

图 4-5　Bluetooth V3 蓝牙模块连接 Arduino 主板

3）手机和蓝牙模块配对

使用 USB 数据线给 Arduino Uno 板通电，发现 Bluetooth V3 蓝牙模块的 LED 指示灯发亮。此时，开启手机蓝牙，搜索附近可配对的蓝牙设备。选择 Bluetooth V3 模块进行配对，配对码默认为 1234，具体操作如图 4-6 所示。

4）手机安装蓝牙串口助手

在手机的应用商城中输入关键字"蓝牙串口助手"并进行搜索，即可出现很多"蓝牙串口助手"的应用程序，如图 4-7 所示。选择合适的"蓝牙串口助手"应用程序进行安装。

2. 编写程序

给 Arduino 编写串口打印的程序方法如下。

每隔 1s（即 1000ms）让 Arduino Uno 板子通过串口打印英文单词"Hi"，其可视化图形编程如图 4-8 所示。

编程完毕后，先选择正确的"串口号"（如 com8），然后单击"编译"按钮，待下方窗口中出现"编译成功"字样后，再单击"上传"按钮，直到窗口中出现"上传成功"字样，表示该程序已经成功上传至 Arduino Uno 板子。具体界面如图 4-9 所示。

将 Arduino 接上蓝牙模块后，容易导致上传程序失败。上传程序时，将 V7 扩展板的拨位开关拨到 PROG 挡；程序上传成功后，将 V7 扩展板的拨位开关拨到 RUN 挡。拨位开关的具体位置如图 4-10 所示。

图 4-6　手机与 Bluetooth V3 配对

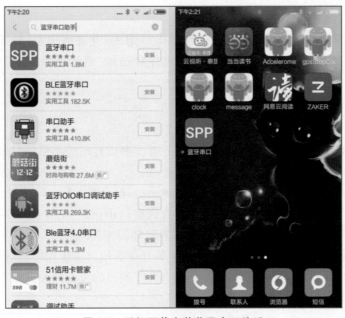

图 4-7　手机下载安装蓝牙串口助手

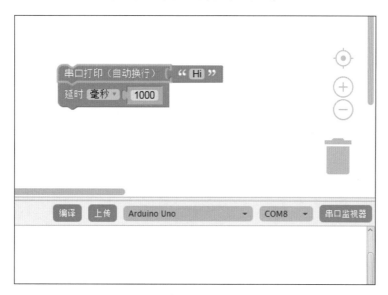

图 4-8　给 Arduino 编写串口打印程序

图 4-9　上传程序至 Arduino 主板

图 4-10　程序上传后 V7 扩展板的拨位开关设置

3. 程序调试

运行蓝牙串口助手并调试。

将 V7 扩展板的拨位开关拨到 RUN 挡,运行蓝牙串口助手,如图 4-11 所示。

图 4-11　蓝牙串口助手运行界面

单击蓝牙串口助手上的"连接"按钮,选择正确的蓝牙设备 Bluetooth V3 进行连接,如图 4-12 所示。

图 4-12　蓝牙串口助手连接蓝牙设备

蓝牙连接成功后，每隔 1s 可以在蓝牙串口助手上收到 Arduino Uno 板通过 Bluetooth V3 蓝牙模块发送的信息"Hi"，如图 4-13 所示。

### 4.2.2　试验 2——用手机串口控制 Arduino

I. 编写程序

给 Arduino 编写串口打印程序的方法如下。

编写 Arduino Uno 端程序：当 Bluetooth V3 接收到信号的为"1"时，让连接在 Arduino 上的一盏 LED 灯点亮 1s；否则 LED 灯不亮。

连接 LED 灯模块至 V7 扩展板的 13 号针脚，如图 4-14 所示。

图 4-13　手机与 Arduino 的蓝牙通信　　图 4-14　连接 LED 灯模块至 V7 扩展板

编写 Arduino Uno 端程序如图 4-15 所示。将程序上传至 Arduino Uno 板上。

图 4-15　手机控制 LED 灯 Arduino 端编程

2. 程序调试

运行蓝牙串口助手并调试。

运行蓝牙串口助手,并发送信息"1",可出现 LED 灯点亮 1s 的效果,如图 4-16 所示。

图 4-16  手机控制 Arduino LED 灯运行效果

小提示

蓝牙模块,如 Bluetooth V3 接收到的信息,可以通过串口来获取,而蓝牙模块发送的信息也是通过串口来完成的。因此,可以通过"串口打印"的编程方式来完成蓝牙通信的信息发送,也可以通过"读取串口"的方式来完成蓝牙通信的信息获取。

## 4.3 范例1——手机控制的 LED 灯

随着单片机和传感器技术的不断发展,智能家居的应用越来越普遍。手机 App 也将是智能家居控制的一种主要方式,而 Arduino 智能硬件的普及无疑为 DIY 智能家居降低了技术门槛。"手机远程控制的 LED 灯"是利用 App Inventor 与 Arduino 完成的作品,即用 App 来控制 LED 灯的亮灭。该作品使用 App Inventor 编写的 App 程序,通过蓝牙通信模块与 Arduino Romeo 单片机进行通信,从而完成对 LED 灯亮灭的控制。

### 4.3.1 工作流程分析

"手机控制的 LED 灯"App 端功能是给 Arduino 传递开关 LED 灯的指令,其工作流程如图 4-17 所示。App 界面设计较为简单,通过按钮单击事件来完成指令的发送。

图 4-17 "远程控制的 LED 灯"工作流程

### 4.3.2 硬件连接

Romeo 是 DFrobot 设计的 Arduino 兼容板,整合了扩展板和 L298 驱动,使用起来十分方便,深受用户的喜爱。Romeo 自带了 Bluetooth(蓝牙)模块接口,LED 灯可连接在板卡 D2~D13 的任意数字针脚上,图 4-18 所示为 Bluetooth 模块、LED 灯与 Arduino 连接的示意图。

图 4-18 Arduino Romeo 与 LED 灯、蓝牙模块的连接

### 4.3.3 界面设计

1. 创建项目、设计 App 界面

（1）新建 App 项目。单击"新建项目"按钮，新建一个项目，命名为 Bluetooth LED。

（2）App 应用程序 Bluetooth LED 素材导入与界面设计。

Bluetooth LED 应用程序的界面布局如图 4-19 所示。

Bluetooth LED 应用程序中用到了 Screen、水平布局、列表选择框、标签、按钮、蓝牙客户端 6 类组件，各组件的属性设置如表 4-1 所示。

表 4-1　Bluetooth LED 应用程序组件属性设置

| 组件放置 | 组件 | 面板组 | 组件命名 | 组件属性 |
|---|---|---|---|---|
|  | Screen | 默认 | Screen1 | 水平对齐：居中<br>标题：远程控制 LED 灯 |
| | 水平布局 | 界面布局 | HorizontalArrangement1 | 水平对齐：居中<br>宽度：充满 |
| | 列表选择框 | 用户界面 | BluetoothListPicker | 文本：请选择蓝牙设备 |
| | 标签 | 用户界面 | StatementLabel | 字号：18<br>文本：未连接蓝牙设备<br>文本颜色：红色 |
| | 按钮 | 用户界面 | SwitchButton | 宽度：300 像素<br>高度：200 像素<br>图像：flowerOff. png |
| | 蓝牙客户端 | 界面布局 | BluetoothClient1 | 默认 |

Bluetooth LED 应用程序界面设计的最终效果可参考图 4-20。

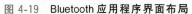
图 4-19　Bluetooth 应用程序界面布局　　图 4-20　Bluetooth LED 应用程序的界面设计

### 4.3.4 编程实现

1. App 端程序编写

Bluetooth LED 应用程序端的功能是发送 LED 灯亮或灯灭的指令,同时 App 界面中按钮的图片发生相应改变,具体对应关系如表 4-2 所示。

表 4-2 App 组件与 LED 灯亮灭指令关系

| Bluetooth LED 应用程序按钮图片 | 手机蓝牙发送的指令 | Arduino 端 LED 灯亮灭情况 |
|---|---|---|
|   | n | LED 亮 |
|   | f | LED 灭 |

Bluetooth LED 应用程序的编程过程及步骤如下。

(1) 在列表选择框开始选择前,将手机配对的蓝牙设备地址及名称导入列表选择框中,供使用者选择连接。具体编程如图 4-21 所示。

图 4-21 App 端列表选择框逻辑设计——"准备选择"事件

(2) 在列表选择框选择蓝牙设备后,更改相应标签组件的提示语,同时启用 SwitchButton 按钮。具体编程如图 4-22 所示。

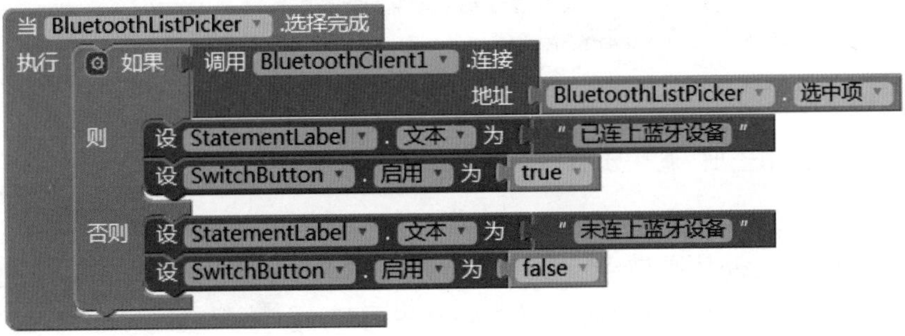

图 4-22 App 端列表选择框逻辑设计——"选择完成"事件

跟我学 App Inventor 2

（3）定义子过程 ifelse，根据参数是否为 1，蓝牙发送不同的指令，按钮图片切换为相应的图片，具体的参数、蓝牙发送的指令及按钮图片关系如表 4-3 所示。

表 4-3　参数、蓝牙发送的指令及按钮图片关系

| 子过程 ifelse 参数 x | 蓝牙发送的指令 | 按钮的图片文件 |
| --- | --- | --- |
| 1 | n | flowerOn. png |
| 0 | f | flowerOff. png |

具体编程如图 4-23 所示。

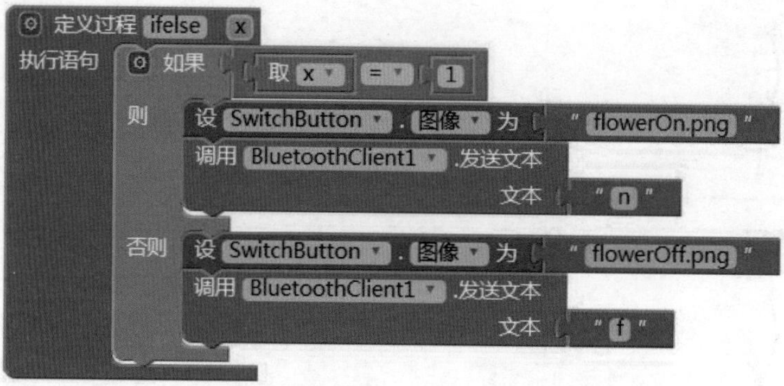

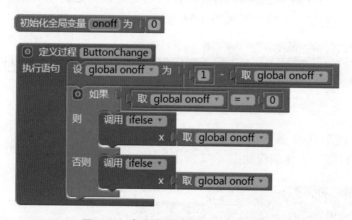

图 4-23　自定义子过程 ifelse

（4）定义变量 onoff 标记按钮按下的次数情况，自定义子过程 ButtonChange 根据按钮次数判断奇偶情况，并调用子程序 ifelse。具体编程如图 4-24 所示。

图 4-24　自定义子过程 ButtonChange

（5）当按钮被单击时，调用子程序 ButtonChange，编程如图 4-25 所示。

2. Arduino 端代码编写

Arduino Romeo 板是通过串口数据读取来获取蓝牙模块接收到的指令信号，因此只需 Serial（串口）函数不断地读取串口的数据就可以获取手机端

图 4-25　调用子程序 ButtonChange

Bluetooth LED 应用程序发送的指令信号。根据读到的串口数据进行判断，从而执行是否点亮 LED 灯的主体程序。在 Mixly 软件中的图形化编程如图 4-26 所示。

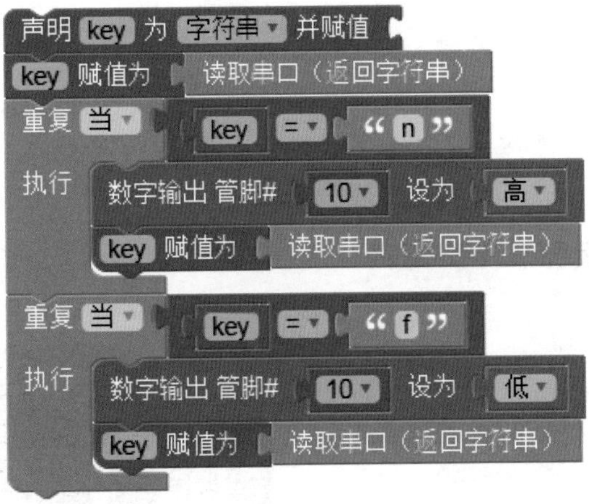

图 4-26　Arduino 端图形化编程

转为 Arduino 代码，具体如下：

```
String key;
void setup()
{
  key="";
  Serial.begin(9600);
  pinMode(10, OUTPUT);
}
void loop()
{
  key=Serial.readString();
  while (key==String("n")) {
    digitalWrite(10,HIGH);
    key=Serial.readString();
  }
  while (key==String("f")) {
    digitalWrite(10,LOW);
    key=Serial.readString();
  }
}
```

### 4.3.5　程序调试

完成了 Bluetooth LED 应用程序和 Arduino Romeo 主板端程序编写，就可以进入"远程控制的 LED 灯"调试阶段。

跟我学 App Inventor 2

（1）蓝牙配对。开启手机的蓝牙功能，搜索并配对 Arduino Romeo 连接的蓝牙模块，默认配对码为 1234。

（2）打包 Bluetooth LED 应用程序，将其安装到手机上。

（3）调试 LED 灯的远程控制。打开 Bluetooth LED 应用程序，选择并连接蓝牙设备。单击按钮，则可以远程控制 LED 灯：①按钮按下，按钮上的图片"花"变为彩色，LED 灯亮；②按钮再次被按下，按钮上的图片"花"变为灰色，LED 灯熄灭，如图 4-27 所示。

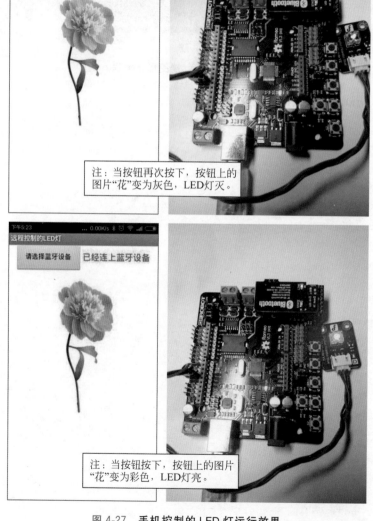

图 4-27　手机控制的 LED 灯运行效果

## 4.4　范例 2——挥手机器人

有许多人从事危险的工作,如高空作业、高温作业、高腐蚀性工作等。随着时代的发展进步,这些危险的工作在不久的将来一定可以都由机器人来完成,如何远程控制机器人工作则是重要的技术。本范例是一个能够挥手的机器人,当用户拿着手机挥手的时候,它也会跟着用户一起挥手。通过这个范例,将进一步熟悉利用蓝牙和 Arduino 进行通信的技术。

### 4.4.1　结构搭建

"挥手机器人"的结构一定要稳固,不然在执行"挥手"动作时,会影响"挥手机器人"的平衡。

搭建机器人"骨架"结构时,采用轻巧又便宜的亚克力板作为主要结构件,并使用激光切割机将其切割成所需要的形状。利用板子和螺钉螺母,可以很快完成"挥手机器人"的"骨架"制作,再将 Arduino Uno 板、蓝牙通信模块、舵机安装在机器人"骨架"上,效果如图 4-28 所示。

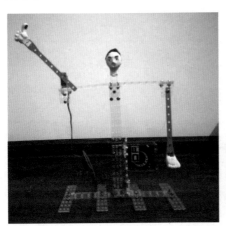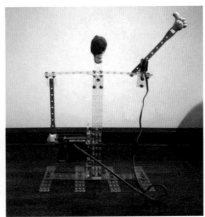

图 4-28　"挥手机器人"结构搭建

### 4.4.2　运行原理分析

"挥手机器人"是利用手机加速度传感器感知手机被摇晃的状态,并通过蓝牙模块向机器人传递工作指令。当机器人接收到指令后,根据指令的内容执行相应的动作,如向左或向右挥动机械臂等。

每一款手机都会自带一个加速度传感器(俗称陀螺仪)。加速度传感器可以感知当前手机所处状态的 $X$、$Y$、$Z$ 轴的 3 个分量的加速度。图 4-29 所示为手机平放时 $X$、$Y$、$Z$ 轴加速度分量的方向。

当手机摇晃的时候,$X$、$Y$、$Z$ 轴上的 3 个加速度分量会发生相应的变化,如表 4-4 所

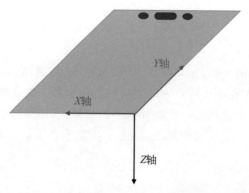

图 4-29  手机平放时 X、Y、Z 轴加速度分量

示。当然,表 4-4 中的这些数据是根据笔者的手机测试出来的,不同的手机测出来的数据未必相同。

表 4-4  手机摆放与 X、Y、Z 轴分量加速度值

| 手机摆放示意图 | X 轴 | Y 轴 | Z 轴 |
|---|---|---|---|
| | −10 | 0 | 0 |
| | −7.89034 | 5.8696 | 0.61496 |
| | 0 | 10 | 0 |
| | 7.78624 | 5.84686 | 2.4012 |
| | 10 | 0 | 0 |

当手机在垂直状态下时进行左右摇晃,获得的传感器数据如表 4-5 所示。可以发现,手机向左或向右摇晃,与 X 轴加速度分量的变化是一一对应的,因此可以根据 X 轴加速度分量的变化判断手机摇晃的方向。

表 4-5　手机摇摆方向与 X 轴加速度分量的变化

| 手机位置 | 位置 1 | 位置 2 | 位置 3 | 位置 4 | 位置 5 |
|---|---|---|---|---|---|
| 示意图 | | | | | |
| X 轴加速度分量值 | 10 | 7.78624 | 0 | −7.89034 | −10 |

怎么才能知道手机的运动方向呢？很简单,只要隔一定的时间,获取传感器数值,然后相减,再根据结果进行判断。具体如下。

**定义**　$X_q$ 为前一位置 X 轴加速度分量,$X_h$ 为当前位置 X 轴加速度分量。

若 $X_h - X_q > 0$,则手机向左摇晃;反之 $X_h - X_q < 0$,则手机向右摇晃。

### 4.4.3　界面设计

单击 New 按钮,新建一个项目,命名为 shakingRobot。应用程序 shakingRobot 的界面布局如图 4-30 所示。

shakingRobot 应用程序中用到了 Screen、水平布局、列表选择框、标签、加速度传感器、蓝牙客户端、对话框 7 类组件,各组件的属性设置如表 4-6 所示。

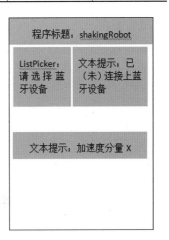

图 4-30　shakingRobot 应用程序界面布局

表 4-6　shakingRobot 应用程序组件属性设置

| 组件放置 | 组件 | 面板组 | 组件命名 | 组件属性 |
|---|---|---|---|---|
| 组件列表<br>Screen1<br>水平布局1<br>列表选择框1<br>StatementLabel<br>HorizontalArrangement1<br>Label1<br>Label2<br>加速度传感器1<br>蓝牙客户端1<br>Notifier1 | Screen | 默认 | Screen1 | 水平对齐：居中<br>标题：shakingRobot |
| | 水平布局 | 界面布局 | 水平布局 1 | 水平对齐：居中<br>宽度：充满 |
| | | | HorizontalArrangement1 | 水平对齐：居左<br>宽度：充满 |
| | 列表选择框 | 用户界面 | 列表选择框 1 | 文本：连接蓝牙设备 |
| | 标签 | 用户界面 | StatementLabel | 文本：未连接蓝牙设备<br>文本颜色：红色 |
| | | | Label1 | 文本："X："<br>字号：28 |
| | | | Label2 | 文本对齐：居中<br>字号：28<br>宽度：充满 |
| | 加速度传感器 | 传感器 | 加速度传感器 1 | 灵敏程度：强 |
| | 蓝牙客户端 | 通信连接 | 蓝牙客户端 1 | 默认 |
| | 对话框 | 用户界面 | Notifier1 | 默认 |

shakingRobot 应用程序界面设计最终效果可参考图 4-31。

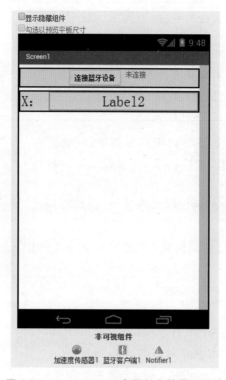

图 4-31　shakingRobot 应用程序的界面设计

### 4.4.4　编程实现

**I. App 端程序编写**

根据表 4-5 所示，给手机当前摇晃位置与前一位置的 X 轴加速度分量值做减法即可判断手机摇晃的方向，因此手机 App 应用程序只需根据差的正负情况向 Arduino Uno 控制板发送"L"或"R"字符，分别表示"向左"或"向右"的舵机控制指令，具体编程代码如图 4-32 所示。

调用 App 中的蓝牙客户端给 Arduino Uno 板子发送 L 或 R 字符指令时，蓝牙通信模块须处于连接状态；否则提示错误。具体编程代码如图 4-33 所示。

**2. Arduino 端程序编写**

当 Arduino Uno 板通过蓝牙通信模块接收到字符 L 时，则执行舵机转向 45°，即机器人手臂向左摆动；若蓝牙通信模块接收到的字符为 R，则执行舵机转向 135°，即机器人手臂向右摆动。使用 Mixly 进行可视化编程，具体代码如图 4-34 所示。

Arduino IDE 的代码如下。

```
#include <Servo.h>
Servo serpin;
unsigned char resaveChar;
```

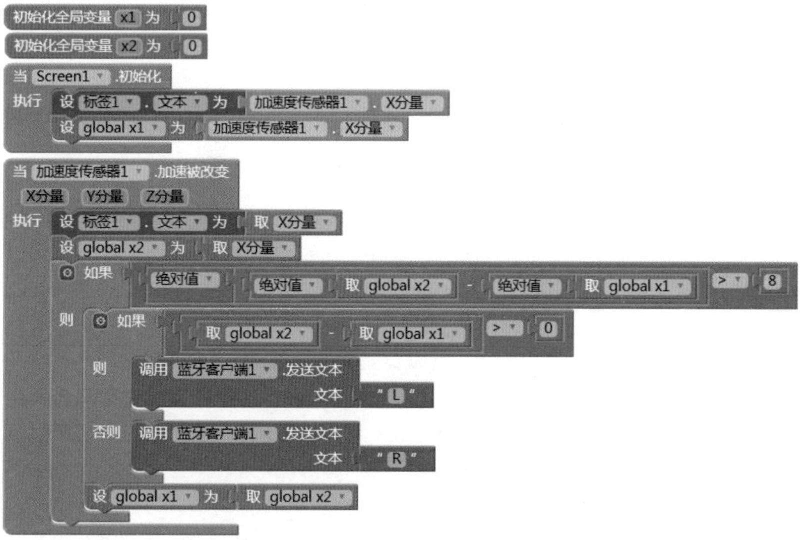

初始化全局变量 x1 为 0
初始化全局变量 x2 为 0
当 Screen1 .初始化
执行 设 标签1 . 文本 为 加速度传感器1 . X分量
    设 global x1 为 加速度传感器1 . X分量

当 加速度传感器1 .加速被改变
    X分量 Y分量 Z分量
执行 设 标签1 . 文本 为 取 X分量
    设 global x2 为 取 X分量
    如果 绝对值 绝对值 取 global x2 - 绝对值 取 global x1 > 8
    则 如果 取 global x2 - 取 global x1 > 0
       则 调用 蓝牙客户端1 .发送文本
              文本 " L "
       否则 调用 蓝牙客户端1 .发送文本
              文本 " R "
       设 global x1 为 取 global x2

图 4-32   手机 App 编程——判断手机摇晃方向、发送蓝牙通信指令

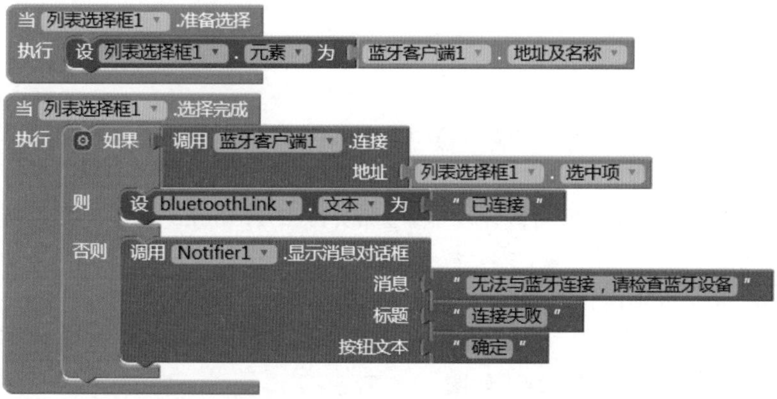

当 列表选择框1 .准备选择
执行 设 列表选择框1 . 元素 为 蓝牙客户端1 . 地址及名称

当 列表选择框1 .选择完成
执行 如果 调用 蓝牙客户端1 .连接
         地址 列表选择框1 . 选中项
    则 设 bluetoothLink . 文本 为 " 已连接 "
    否则 调用 Notifier1 .显示消息对话框
         消息 " 无法与蓝牙连接，请检查蓝牙设备 "
         标题 " 连接失败 "
         按钮文本 " 确定 "

图 4-33   选择、连接蓝牙设备

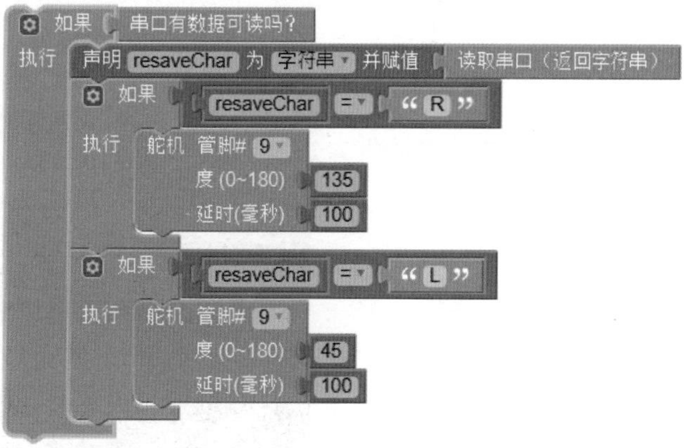

如果 串口有数据可读吗?
执行 声明 resaveChar 为 字符串 并赋值 读取串口（返回字符串）
    如果 resaveChar = " R "
    执行 舵机 管脚# 9
        度 (0~180) 135
        延时(毫秒) 100
    如果 resaveChar = " L "
    执行 舵机 管脚# 9
        度 (0~180) 45
        延时(毫秒) 100

图 4-34   Mixly 可视化编程的代码

```
void setup() {
  Serial.begin(9600);
  serpin.attach(9);
  serpin.write(90);
}
void loop() {
  if(Serial.available()){
  resaveChar=Serial.read();
    if(resaveChar=='R'){
      serpin.write(135);
      delay(100);
    }
    if(resaveChar=='L'){
      serpin.write(45);
      delay(100);
    }
  }
}
```

### 4.4.5　程序调试

完成了 shakingRobot 应用程序和 Arduino Uno 主板端程序编写,就可以进入"挥手机器人"调试阶段。

（1）蓝牙配对。开启手机的蓝牙功能,搜索并配对 Arduino Uno 连接的蓝牙模块,默认配对码为 1234。

（2）打包 shakingRobot 应用程序,将其安装在手机上。

（3）调试"挥手机器人"。打开 shakingRobot 应用程序,选择并连接蓝牙设备;左右摇晃手机,可发现机器人也在挥手,如图 4-35 所示。

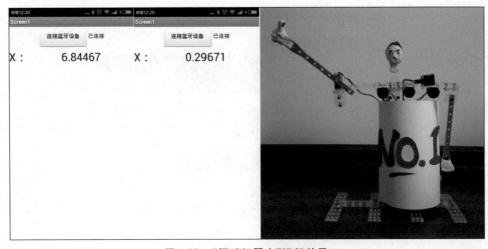

图 4-35　"挥手机器人"运行效果

## 4.5　让手机拥有更多传感器

Android 手机虽然已经附带了多种传感器,如方向、重力、距离、加速度等传感器,其实早在 Android 2.3(gingerbread)系统中,Google 公司就提供了 11 种传感器供应用层使用。但是,并非所有 Android 手机都把这些传感器配齐了,如温度、湿度、气压之类的传感器就不常见。为了使 Android 手机能支持更多的应用,越来越多的手机外接设备涌现出来,可穿戴设备开发在短时间内迅速成为硬件开发方面的"时尚"。通过 Arduino 平台,可以初步体验 Android 可穿戴设备的开发,大大降低了可穿戴设备开发的技术门槛。

可穿戴设备指直接穿在身上,或是整合到用户的衣服或配件上的一种便携式设备。其中,手机可穿戴设备将会给人们的生活、工作带来很大转变。但是,可穿戴设备中的传感器也可选用手机的标配产品,如最近流行的智能手环,其核心传感器就是加速度传感器和陀螺仪,都是智能手机的标配传感器。这里选择温度和湿度传感器,通过 Arduino 将传感器数值发送给 Android 手机,体验可穿戴设备和手机间的信息互动。

### 4.5.1　让手机显示外界温度

1. 工作流程分析

这里需要设计一个简单的通信协议,让 Arduino 通过蓝牙将各种传感器(以温度和湿度传感器为例)的信息传输到 Android 手机,并显示出来。

其运行流程如图 4-36 所示。

图 4-36　手机显示外界温度工作流程

2. 界面设计

App 应用程序由 Screen、水平布局、列表选择框、标签、蓝牙客户端、计时器 6 类组件组成,各组件的属性设置如表 4-7 所示。

表 4-7　各组件属性设置

| 组件放置 | 组件 | 面板组 | 组件命名 | 组件属性 |
| --- | --- | --- | --- | --- |
| 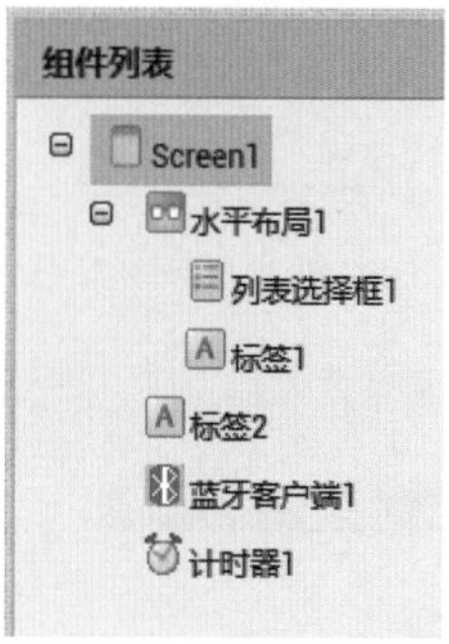 组件列表<br>Screen1<br>水平布局1<br>列表选择框1<br>标签1<br>标签2<br>蓝牙客户端1<br>计时器1 | Screen | 默认 | Screen1 | 水平居中:居中 |
| | 水平布局 | 界面布局 | 水平布局1 | 水平居中:居中 |
| | 列表选择框 | 用户界面 | 列表选择框1 | 文本:连接蓝牙设备 |
| | 标签 | 用户界面 | 标签1 | 字号:20<br>文本:未连接文本颜色:红色 |
| | | | 标签2 | 文本:"温度:"<br>文本对齐:居中<br>宽度:充满 |
| | 蓝牙客户端 | 通信连接 | 蓝牙客户端1 | 默认 |
| | 计时器 | 传感器 | 计时器1 | 默认 |

该 App 应用程序的界面设计如图 4-37 所示。

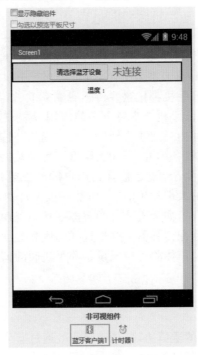

图 4-37　App 应用程序界面设计

3. 编程实现

1）App 端程序编写

该 App 应用程序的逻辑设计由列表选择框的"准备选择"事件、"选择完成"事件以及计时器的"计时"事件 3 个事件完成，具体的逻辑设计如图 4-38 所示。

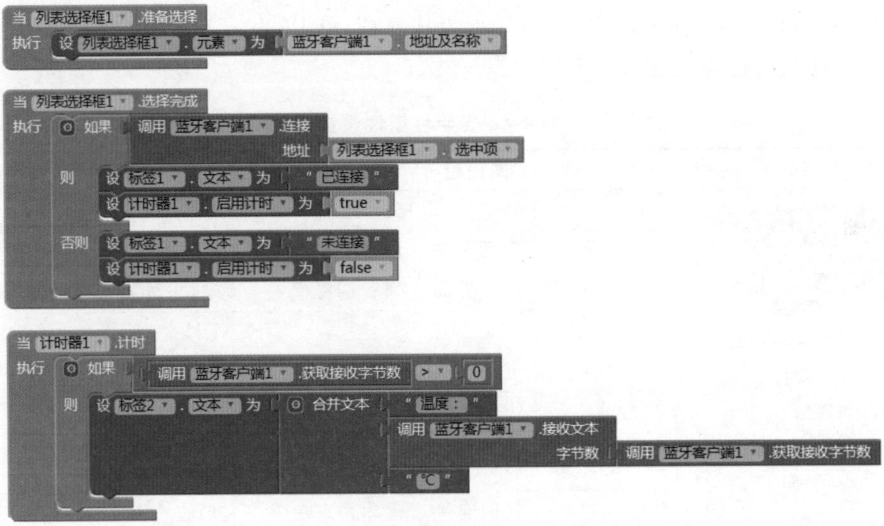

图 4-38　App 应用程序逻辑设计

2）Arduino 端程序编写

将 Bluetooth V3、LM35 温度传感器连接在 Arduino Romeo 主板上，如图 4-39 所示。其中，LM35 温度传感器连接的针脚号为 A1（模拟针脚 1）。

图 4-39 Bluetooth V3、LM35 温度传感器、Arduino Romeo 主板连接

启动 Mixly，进行 Arduino 代码编写。LM35 传感器获取的值，需要经以下公式转换为温度值（摄氏度）：温度（摄氏度）＝LM35 传感器值×5/10.24。具体编程如图 4-40 所示。

图 4-40 获取外界温度 Arduino 端代码编写

4. 程序调试

将编写好的程序上传至 Arduino Romeo 板上，打开 Android 设备上的蓝牙，将其与 Arduino Romeo 板上的 Bluetooth V3 蓝牙模块进行配对，默认配对码为 1234。在 Android 设备上安装并运行相应的 App 应用程序，如图 4-41 所示。

在 App 应用程序上选择蓝牙设备进行连接，连接成功后即可收到 Arduino Romeo 板上 Bluetooth V3 蓝牙模块发送的温度数据，如图 4-42 所示。

图 4-41　Android 端 App 运行效果

图 4-42　手机 App 端接收 Arduino 端
发送的温度数据

### 4.5.2　接收多个传感器数据

1. 协议设计

当 Arduino Romeo 主板通过 Bluetooth V3 蓝牙模块向 Android 设备发送多个传感器数据时,需要为 Android 和 Arduino 设计通信协议。这个协议规定了数据的格式以及数据代表的意义,各类数据的含义说明如表 4-8 所示。

表 4-8　通信协议

| 数据(文本) | 含　义 | |
|---|---|---|
| | 传感器端口 | 传感器数值 |
| 010012 | 0 | 12 |
| 110123 | 1 | 123 |
| 211012 | 2 | 1012 |
| 310001 | 3 | 1 |
| ... | ... | ... |

App Inventor 2 没有处理二进制数据的能力,这个通信协议只能通过字符的形式发送数值。之所以采用 6 个字符的长度来传输数据,是因为 Arduino 的 A/D 转换分辨率为 10 位,即 0～1023,则需要 4 个字符;第一个字符是为了标识模拟传感器的针脚编号;第二个字符"1",并没有实际作用,仅仅是在 Mixly 中为了补足传感器数值不足 4 位时采用"10000＋传感器值"的简单表达式增加的。此外,Mixly 中的"串口打印(自动换行)"中的

"换行"需要占用 2 个字符,因此,一次蓝牙数据传输的数据是 8 个字符(字节)。

如果抛开这两款软件,建议参照 S4A 的通信协议(可参考《S4A 和互动媒体技术》一书,清华大学出版社出版),效率较高,2 个字节就能完成一个传感器数据的传送。

2. 设备选择

这里所采用的硬件设备为 DFrobot 公司的 Arduino Romeo 主板、Bluetooth V3 蓝牙模块以及 LM35 温度传感器、光线传感器、土壤湿度传感器。其中,LM35 温度传感器、光线传感器和土壤湿度传感器所检测的值都是模拟量,可从淘宝上各个店铺中选购,价格从数元到数十元不等。

3. 界面设计

该 App 应用程序名为 multiSensor,由 Screen、水平布局、列表选择框、标签、蓝牙客户端、计时器 6 类组件组成,具体组件属性设置如表 4-9 所示。

表 4-9　各组件属性设置

| 组 件 放 置 | 组　　件 | 面 板 组 | 组 件 命 名 | 组 件 属 性 |
|---|---|---|---|---|
| 组件列表<br>Screen1<br>水平布局1<br>列表选择框1<br>标签1<br>标签2<br>标签3<br>标签4<br>蓝牙客户端1<br>计时器1 | Screen | 默认 | Screen1 | 水平居中:居中 |
| | 水平布局 | 界面布局 | 水平布局1 | 水平居中:居中 |
| | 列表选择框 | 用户界面 | 列表选择框1 | 文本:连接蓝牙设备 |
| | 标签 | 用户界面 | 标签 1 | 字号:20<br>文本:未连接<br>文本颜色:红色 |
| | | | 标签 2 | 文本:"温度:"<br>文本对齐:居中<br>宽度:充满 |
| | | | 标签 3 | 文本:"土壤湿度:"<br>文本对齐:居中<br>宽度:充满 |
| | | | 标签 4 | 文本:"光线强度:"<br>文本对齐:居中<br>宽度:充满 |
| | 蓝牙客户端 | 通信连接 | 蓝牙客户端 1 | 默认 |
| | 计时器 | 传感器 | 计时器 1 | 默认 |

App 应用程序 multiSensor 的组件设计如图 4-43 所示。

4. 编程实现

1) App 端程序编写

App 应用程序 multiSensor 的逻辑设计部分,与 4.5.1 小节中的实例相似,其蓝牙设备选择、蓝牙连接部分与 4.5.1 小节中的实例是一样的,如图 4-44 所示。

Arduino Romeo 主板通过 Bluetooth V3 蓝牙模块向 Android 设备发送的数据,是按照通信协议经过编码的,因此,应用程序 multiSensor 在接收到数据后,需按照通信协议

图 4-43　应用程序 multiSensor 的组件设计

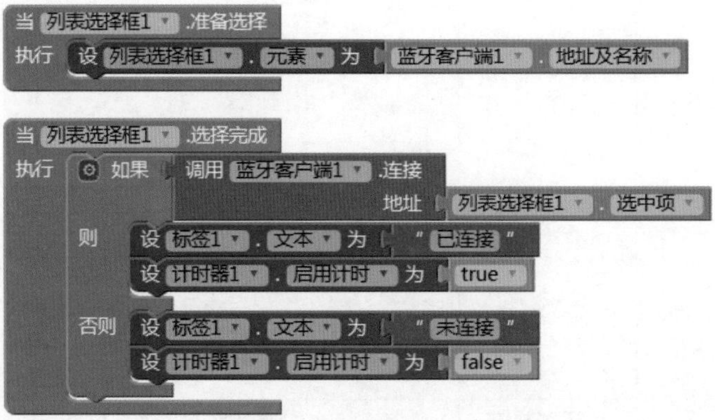

图 4-44　应用程序 multiSensor 的逻辑设计

进行分析和分解,以获得有用的部分。因 multiSensor 的逻辑设计代码过长,图 4-45 中以 LM35 温度传感器数值的分析和分解为例,通过"文本"模块中的字符串读取模块来完成。

2) Arduino 端程序编写

将 LM35 温度传感器、土壤湿度传感器、光线传感器、Bluetooth V3 蓝牙模块连在 Arduino Romeo 主板上。

启动 Mixly 进行 Arduino 端的编程,本次编程所用到的串口输出模块为"串口打印 (自动换行)"模块,该模块与 Arduino 代码的对应关系如表 4-10 所示。

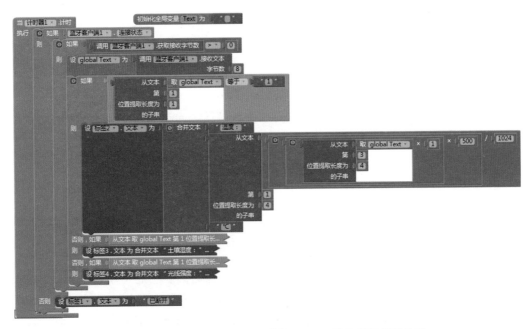

图 4-45　应用程序 multiSensor 获取 Arduino 端数值的逻辑设计

表 4-10　Mixly 串口打印（自动换行）

| Mixly 代码 | Arduino 代码 |
| --- | --- |
| 串口打印（自动换行） | Serial. println(""); |

　　根据表 4-8 中通信协议的设计，从串口输出的模拟端口 A1、A2、A3 的值，须按照通信协议进行编码。使用"10000＋传感器值"的简单表达式，补足传感器数值不足 4 位时需要添加的"0"。加上回车换行占用的两个字符，传输一个传感器的数值刚好需要 8 个字符。具体的 Arduino 编程如图 4-46 所示。

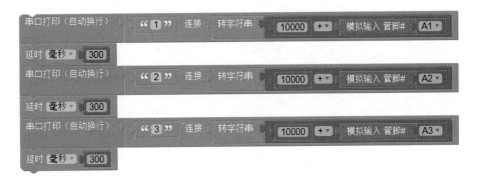

图 4-46　Arduino 端编程

　　转换成 Arduino 代码后的编程如下。

```
void setup()
{
  Serial.begin(9600);
}
void loop()
{
  Serial.println(String("1") +String("")+(10000 +analogRead(A1)));
  delay(300);
  Serial.println(String("2") +String("")+(10000 +analogRead(A2)));
  delay(300);
  Serial.println(String("3") +String("")+(10000 +analogRead(A3)));
  delay(300);
}
```

5. 程序调试

将 Mixly 中编写好的程序上传至 Arduino Romeo 主板中，同时将应用程序 multiSensor 打包安装至 Android 设备上。打开 Android 设备蓝牙模块，与 Bluetooth V3 蓝牙模块完成配对。启动应用程序 multiSensor，选择正确的蓝牙设备完成蓝牙连接，不一会儿即可收到 LM35 温度传感器、土壤湿度传感器、光线传感器检测到的数值，如图 4-47 所示。

图 4-47　手机 App 端同时接收 Arduino 端 3 个传感器数值

### 4.5.3　拓展应用

在本章中，Android 应用程序仅仅将接收到的传感器数据显示出来，并没有做进一步的处理，也没有根据传感器信息控制 Arduino 执行相应的动作。一般来说，Android 应用程序还要对可穿戴设备的数据做进一步处理,并存储在云服务器上,供更加深入的分析。如智能手环可以统计用户每天的运动路径、消耗卡路里和摄入热量,也能根据事先的设定,通过振动马达来提醒用户应该运动或者该休息了。结合本章节中蓝牙通信的内容,相信中小学生很容易开发出基于 Android 设备进行蓝牙控制的作品。

　　本章还可以应用在某些特殊场合,如无线抄水电表,甚至也可以把 Android 作为 Arduino 的蓝牙显示屏来使用。蓝牙 4.0 的功耗很低,其应用范围也很广,与 Arduino 结合后,带蓝牙 4.0 的 Android 手机功能将大大提高。从本质上看,可穿戴设备和智能家居、物联网并没有太大的区别,而 App Inventor 2 编程的价值就在于其和硬件结合紧密。那么,又有什么理由不让学生玩玩最新的技术呢!

### 你学到了什么

本章中,你学到了以下知识:

- 开源硬件 Arduino 的基本介绍。
- Mixly 可视化编程软件的基本介绍与安装使用。
- Android 手机与 Arduino 的相互通信案例,包括手机接收 Arduino 发送的信息、手机控制 Arduino、手机控制 LED 灯、手机控制机器人挥手、手机接收多传感器信号等。

### 动手练一练

　　(1) 设计一个能够和手机互动的装置,比如一个投币箱,当有人投币的时候,就会向手机发送信息。

　　(2) 做一个简单的 Arduino 小车,编写一个 App,利用手机上的加速度传感器来控制小车。

# 第5章 App Inventor 2 和 Web

在编写"专题 5 GPS 计步器"的时候,大家已经体会到 App Inventor 2 中网络组件的强大功能。现在的智能手机相当于一台微型计算机,拥有很快的运算速度。但和计算机一样,如果手机无法上网,功能方面就大打折扣了。在这一章要深入研究 App Inventor 2 中网络组件,编写和 Web(World Wide Web,万维网)相关的 App 应用。

## 5.1 App Inventor 2 的网络组件

App Inventor 2 中与网络相关的组件有网络微数据库、Web 浏览框和 Web 客户端 3 种,具体如表 5-1 所示。

表 5-1　App Inventor 2 中的网络组件

| 名　　称 | 图　　标 | 位　置 | 作　　用 |
|---|---|---|---|
| 网络微数据库 | ⬆ 网络微数据库 | 数据存储 | 非可视组件,和微型数据库一样,用于存储数据 |
| Web 浏览框 | 🌐 Web浏览框 | 用户界面 | 可视组件,用于浏览网页 |
| Web 客户端 | ⚫ Web客户端 | 通信连接 | 非可视组件,用于发送 HTTP 的 GET、POST、PUT 及 DELETE 请求 |

### 5.1.1　网络微数据库及范例

顾名思义,网络微数据库(WebDinyDB)是微型数据库(DinyDB)组件的网络版。网络微数据库的作用也是保存数据,其基本操作和微型数据库一致。不同的是,微数据库的数据保存在手机里,而设置好服务器地址的网络微数据库可将数据保存在网络上。

目前国内还没有一个免费且稳定的网络微数据库服务器,要使用网络微数据库功能,需要自己搭建服务器。北京的金从军老师("老巫婆")提供了一个开源的网络微数据库服务器系统,可以通过"老巫婆"的博客下载这一系统。这个系统使用 Python 语言开发,可以一键启动,设置很方便。

下载地址: http://blog.sina.com.cn/s/blog_6611ddcf0102vm4o.html。

网络微数据库组件的使用并不复杂。比如,某网络微数据库的服务器地址为 http://ai.wzms.cn:8889/,可以设定 test 为自己的数据库专用名称,那么在网络微数据库的网络地址栏中填写 http://ai.wzms.cn:8889/test,如图 5-1 所示。注意,地址后面不要加"/"。

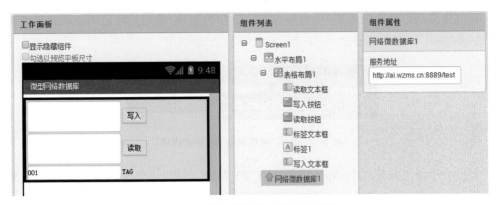

图 5-1　网络微数据库的地址设置

网络微数据库的服务地址也可以通过代码设置，如图 5-2 所示。

图 5-2　"设置服务地址"的参考代码

单击"写入"按钮，"写入文本框"中的内容将写入网络微数据库的"001"标签（Tag），"001"为"标签"文本框中的内容，如图 5-3 所示。微数据库的标签很重要，因为它是存入和读取的数据标识。

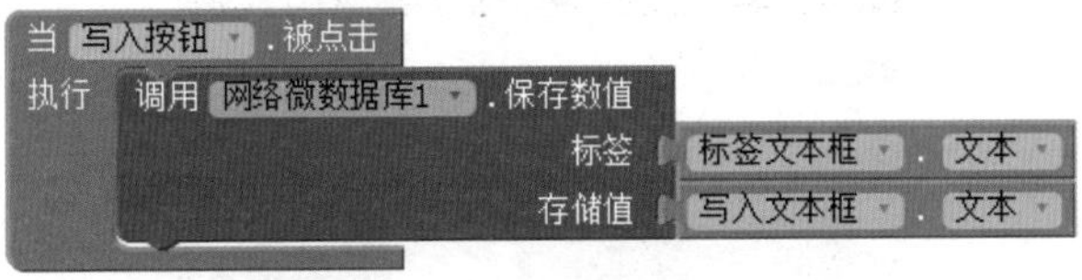

图 5-3　"写入数据库"的参考代码

单击"读取"按钮，获取网络微数据库中标签为"001"的数据，并显示在"读取文本框"中，如图 5-4 所示。

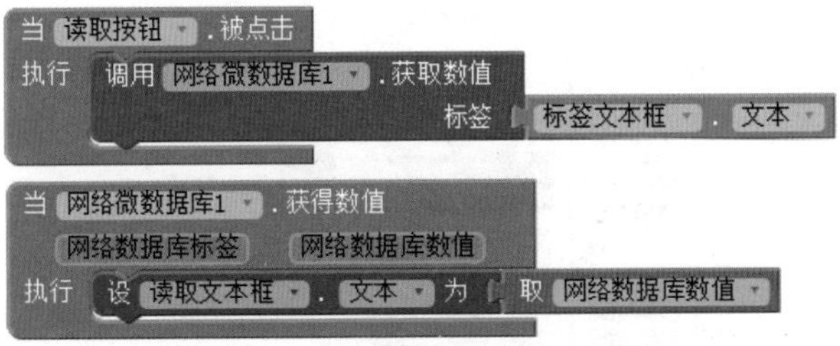

图 5-4　"读取数据库"的参考代码

如果手机无法上网，或者网络微数据库的服务器无法连接，App 就无法正常读写数据了。通过组件的"发生 Web 服务故障"这一过程可以获得状态信息，如图 5-5 所示。如果出现网络错误,"读取文本框"将出现"网络错误"的提示,最好直接显示这一过程返回的"消息"参数,了解更多的信息。

图 5-5　显示"网络错误"的参考代码

在另一手机上安装这个 App,再去读取"001"标签的值,就会发现同一个 App 虽然运行在不同手机里,但是数据是共享的。这就是网络微数据库的主要魅力。

**想一想**

能否用网络微数据库的功能编写一个可以聊天对话的 App?

### 5.1.2　Web 浏览框及范例

Web 浏览框(WebViewer)组件的功能很简单,就是类似网页中的嵌入式框架(iframe)。利用这个组件,可以直接在 App 中显示网页,不需要调用其他浏览器。

还可以用 Web 浏览框组件做一个直接访问某个网站的 App。以"温州中学"App 为例,如图 5-6 所示。

图 5-6　可以直接访问学校网站的 App

是不是很酷？安装了这个 App，一运行就可以直接访问"温州中学"的网站，看起来好像特意为学校开发了一个专用的 App。其实不过就用了一个 Web 浏览框，写了一句代码而已，如图 5-7 所示。

图 5-7　**参考代码**

利用这一功能，一些网址较长的、不容易记住的网络应用系统，都可以做一个专用的 App。当然，还可以做一些有趣的 App。比如：平时很关注"创客教育"的新闻，只要定义 Web 浏览框的网址为 http://news. baidu. com/ns? cl＝2＆rn＝20＆tn＝news＆word＝％E5％88％9B％E5％AE％A2％E6％95％99％E8％82％B2，那么，运行这个 App 就可以看到百度新闻中以"创客教育"为关键字的新闻列表了。现在很多网站都特意提供了为手机定制的移动版本，如中国天气网，只要定义 Web 浏览框的网址为 http://m. weather. com. cn/mweather/101210701. shtml，这个网址显示的是温州城市天气，如图 5-8 所示。仅一句代码，一个能够显示温州天气的 App 就做好了。

图 5-8　**显示"中国天气网"的 App 界面**

### 5.1.3　Web 客户端及范例

Web 客户端（Web）是一个不可见组件，相对其他两个网络组件来说，Web 客户端的功能强大多了。还是以"天气预报"为例，直接用 Web 浏览框组件访问中国天气网的网页，不仅无法自定义界面，有些还加了广告，看起来很不舒服。如果用 Web 客户端做天气

预报,功能会更加强大。

为了获取更加准确的天气信息,选择了温州当地的天气网。找到"天气预报"的页面(网址为 http://www.wz121.com/WeatherForecast/FullCityWeather.htm),如图 5-9 所示。

图 5-9　温州天气预报的页面

在浏览器的空白处右击,在弹出的快捷菜单中选择"查看网页源代码",或者按 Ctrl＋U 组合键,就可以看到网页的源代码,如图 5-10 所示。

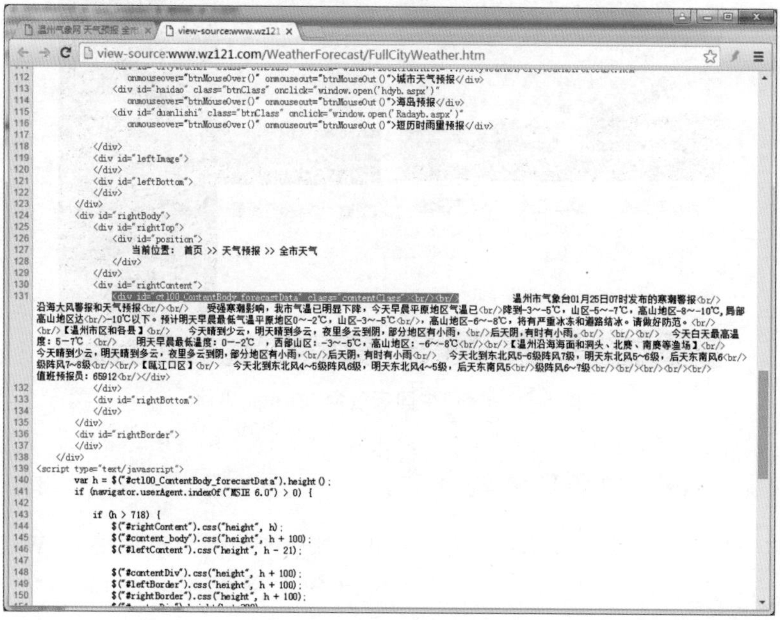

图 5-10　网页的源代码

网页代码使用的是 HTML 语言,虽然看起来很乱,其实是很容易找到规律的。定位天气预报的代码位置,前面有这样的一段代码:

"<div id="ctl00_ContentBody_forecastData" class="contentClass"><br/><br/>"

通过"查找"功能,发现这段代码在网页中只出现了一次。这样就可以用这段代码作为分隔符,将网页源代码分为两个部分,留下第二部分。然后再用<br/><br/><br/><br/><br/>作为分隔符,将代码分为两个部分,留下第一部分。就可以得到以下 HTML 代码了。

温州市气象台 01 月 25 日 07 时发布的寒潮警报<br/>　　沿海大风警报和天气预报<br/><br/>　　　　受强寒潮影响,我市气温已明显下降,今天早晨平原地区气温已<br/>降到-3～-5℃,山区-5～-7℃,高山地区-8～-10℃,局部高山地区达<br/>-10℃以下。预计明天早晨最低气温平原地区 0～-2℃,山区-3～-5℃<br/>,高山地区-6～-8℃,将有严重冰冻和道路结冰。请做好防范。<br/><br/>【温州市区和各县】<br/>　　今天晴到少云,明天晴到多云,夜里多云到阴,部分地区有小雨,<br/>后天阴,有时有小雨<br/>　　<br/><br/>　　今天白天最高温度:5～7℃<br/>　　　　明天早晨最低温度:0～-2℃,西部山区:-3～-5℃,高山地区:-6～-8℃<br/><br/>【温州沿海海面和洞头、北麂、南麂等渔场】<br/>今天晴到少云,明天晴到多云,夜里多云到阴,部分地区有小雨,<br/>后天阴,有时有小雨。<br/>今天北到东北风 5～6 级,阵风 7 级,明天东北风 5～6 级,后天东南风 6<br/>级阵风 7～8 级<br/><br/>【瓯江口区】<br/>　　今天北到东北风 4～5 级,阵风 6 级,明天东北风 4～5 级,后天东南风 5<br/>级,阵风 6～7 级

利用"替换"功能,将这段代码中的</br>和空格去掉,剩下的就是需要的天气预报文字:

　　温州市气象台 01 月 25 日 07 时发布的寒潮警报沿海大风警报和天气预报受强寒潮影响,我市气温已明显下降,今天早晨平原地区气温已降到-3～-5℃,山区-5～-7℃,高山地区-8～-10℃,局部高山地区达-10℃以下。预计明天早晨最低气温平原地区 0～-2℃,山区-3～-5℃,高山地区-6～-8℃,将有严重冰冻和道路结冰。请做好防范。【温州市区和各县】今天晴到少云,明天晴到多云,夜里多云到阴,部分地区有小雨,后天阴,有时有小雨。今天白天最高温度:5～7℃明天早晨最低温度:0～-2℃,西部山区:-3～-5℃,高山地区:-6～-8℃【温州沿海海面和洞头、北麂、南麂等渔场】今天晴到少云,明天晴到多云,夜里多云到阴,部分地区有小雨,后天阴,有时有小雨,今天北到东北风 5～6 级,阵风 7 级,明天东北风 5～6 级,后天东南风 6 级,阵风 7～8 级【瓯江口区】今天北到东北风 4～5 级,阵风 6 级,明天东北风 4～5 级,后天东南风 5 级,阵风 6～7 级

对于文本的分割和替换,App Inventor 2 已经提供了相应的组件(函数),具体见"文本"中的内置项。以变量 html 为例,如"<br/><br/><br/><br/><br/>"来分隔,并取出第 1 部分,参考代码如图 5-11 所示。

将变量 html 中的"<br>"全部替换,参考代码如图 5-12 所示。

**注**:因为 App Inventor 2 的国内服务器中文版翻译有问题,文本替换的语句看起来

图 5-11　参考代码

图 5-12　参考代码

是错乱的。截至本书稿的出版时间，广州的服务器还没有修改。

接下来就可以编写代码了。这个 App 的界面设计如图 5-13 所示，核心部件共两个按钮，1 个文本标签，1 个 Web 客户端（不可见组件）。为了方便用户，还特意加了一个文本语音转换器组件，可以直接用语言朗读天气预报。

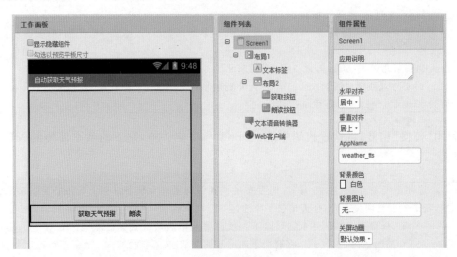

图 5-13　参考界面

参考代码如图 5-14 所示。当按下按钮的时候，只需要调用 Web 客户端的"执行 GET 请求"，当 Web 客户端收到服务器的响应后，会执行"获得文本"这一事件过程中的代码。

按照这样的思路，在文本中找出规律，逐步用关键字分割，就可以提取出自己想要的关键字，如最高温度、最低温度之类的数值。然后根据这些数值让 App 执行各种工作，如温差很大就提示带衣服、下雨就提示带雨伞等。

---

  &#x27A4; **试一试**：找到当地的天气预报网站，利用本节学到的知识做一个天气预报的 App。

---

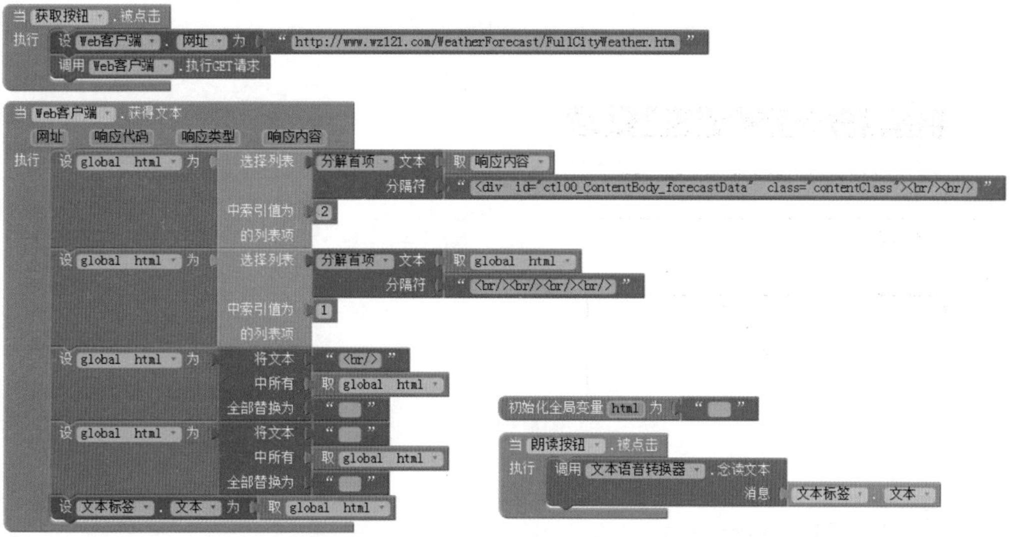

图 5-14　**参考代码**

## 5.2　Web 客户端的高级应用

利用 Web 客户端(Web)组件,还可以实现很多的网络应用,如上传图片、下载文件等。一般而言,Web 客户端组件的功能类似 JavaScript 对象 XMLHttpRequest,提供了对 HTTP 协议的全部访问,包括 POST 和 GET 请求以及设置特殊的 HEAD 请求头信息。

### 5.2.1　中文编码和构建 HTTP 头部信息

Ⅰ. 提交含中文的 URL

URL(Uniform Resource Locator,统一资源定位器)就是平常所说的网址。在获取一些特定信息的时候,URL 常常会包含中文,如在百度上搜索中文关键字。浏览器在访问 URL 时,都会进行 URL 编码,如搜索含"创客教育"的百度新闻,URL 就会变成 http://news.baidu.com/ns? cl=2&rn=20&tn=news&word=%E5%88%9B%E5% AE%A2%E6%95%99%E8%82%B2。

其中"%E5%88%9B%E5%AE%A2%E6%95%99%E8%82%B2"就是编码后的"创客教育"。而 Web 客户端组件自带了 URL 编码功能,可以让我们灵活调用。

下面编写一个小范例"百度新闻搜索"App,体会 Web 客户端的 URL 编码功能。这个 App 的功能是在搜索框中输入关键字,就可自动访问相关的百度新闻。App 界面如图 5-15 所示。

这个 App 使用了 Web 浏览框和 Web 客户端两个组件。需要注意的是,不需要对整个 URL 进行编码,只要对中文关键字编码即可。参考代码如图 5-16 所示。

工作面板
显示隐藏组件
勾选以预览平板尺寸
9:48
百度新闻搜索
搜索百度新闻
访问的网址
组件列表
Screen1
表格布局1
文本输入框1
按钮1
标签1
Web浏览框1
Web客户端1
组件属性
Screen1
应用说明
水平对齐
居左
垂直对齐
居上
AppName
WebViewer_cn
背景颜色
白色

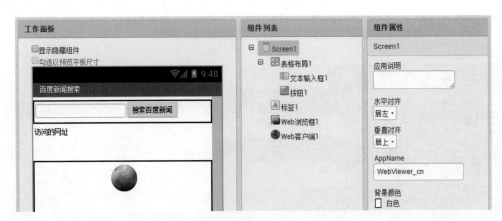

图 5-15 **参考界面**

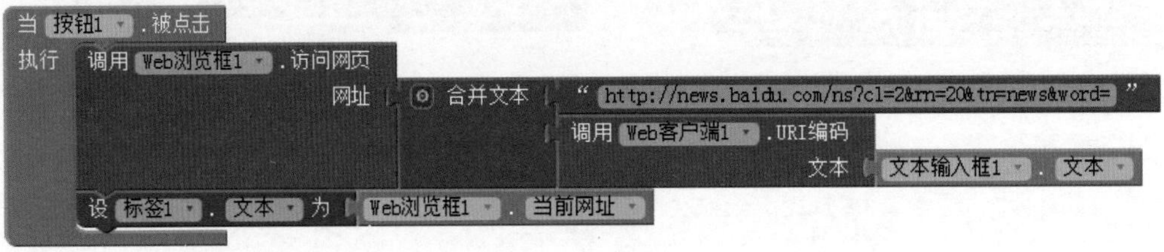

当 按钮1 .被点击
执行 调用 Web浏览框1 .访问网页
网址 合并文本 " http://news.baidu.com/ns?cl=2&rn=20&tn=news&word= "
调用 Web客户端1 .URI编码
文本 文本输入框1 . 文本
设 标签1 . 文本 为 Web浏览框1 . 当前网址

图 5-16 **参考代码**

2. 访问百度 API Store

很多大公司的网站都提供了 API(Application Programming Interface,应用程序编程接口),供程序员进行二次开发。API Store 是百度提供的 API 服务平台,为开发者提供最全面的 API 服务,涉及设计开发、运维管理、云服务、数据服务等。

访问百度 API 首先需要注册并获得一个密钥(APIKey),在 HTTP 请求中,头部信息(Head)要包含这个 APIKey。API Store 会对这个 APIKey 进行身份验证。比如,"IP 地址查询"这个 API 服务,不同的 APIKey 状态返回的信息是不一样的。幸好,App Inventor 2 是可以设置 Web 客户端的请求头信息的,如表 5-2 所示。

表 5-2 **百度 API 的 IP 地址查询服务**

| 百度 API(IP 查询)http://apis.baidu.com/APIstore/iplookupservice/iplookup | |
|---|---|
| APIkey 状态 | 返回信息 |
| 包含 APIKey | {"errNum":0,"errMsg":"success","retData":{"ip":"117.89.35.58","country":"中国","province":"江苏","city":"南京","district":"鼓楼","carrier":"中国电信"}} |
| 不包含 APIKey | {"errNum":300202,"errMsg":"Missing APIKey"} |
| 错误的 APIKey | {"errNum":300204,"errMsg":"APIKey does not exist"} |

可以通过一个"IP 地址查询"的小范例,掌握访问百度 API Store 的方法,并且熟悉如

何利用 Web 客户端组件构建一个 HTTP 请求头(headers)。当然,得先注册百度,然后访问 APIstore(http://apistore.baidu.com/),并且通过申请免费获得密钥(APIKey),具体过程这里就不介绍了。

访问 http://apistore.baidu.com/apiworks/servicedetail/114.html,如图 5-17 所示。可以得到"IP 地址查询"API 的全部介绍,如需要提交的参数、请求的方法和返回文本的格式等信息。

图 5-17　"IP 地址查询"API 服务的页面

查询 IP 地址只需要提交 IP 这一个参数,API Store 的页面中自带了"API 调试工具",帮助我们熟悉这一 API 服务。如图 5-18 所示,提交了"117.89.35.58"这个 IP 地址,Response Body 处显示出返回的文本,包含了国家(country)、省份(province)、城市(city)等信息。

"IP 地址查询"App 的界面设计很简单,就一个文本输入框、按钮和标签,再加一个 Web 客户端组件。App 的核心功能就是构建一个头部信息包含 APIKey 的 HTTP 请求,参考代码如图 5-19 所示。

参考代码中需要强调以下几点。

(1) Web 客户端的"网址"部分,最后要加上"?",在 URL 中,网址和提交的参数之间

图 5-18　API 调试工具

图 5-19　参考代码

要用"?"分开,多个参数之间要用"&"分开。

（2）"请求头"需要应用两次的"创建列表"；否则，APIKey 是无法正确传输的。

（3）Web 客户端的响应内容需要用"解码 JSON 文件"这一功能；否则中文信息将无法正确显示。

（4）APIKey 处需要填写自己申请的密钥。

"IP 地址查询"App 运行的效果如图 5-20 所示。

图 5-20　运行效果

### 5.2.2　解析 Json

"IP 地址查询"App 最后返回的文本信息,其实是一种称为 Json 格式的文本。Json (JavaScript Object Notation) 是一种轻量级的数据交换格式,它采用完全独立于语言的文本格式,易于人阅读和编写,同时也易于机器解析和生成。App Inventor 2 与一些网络服务进行数据交互,一般都采用 Json 作为数据交换格式。要用 Web 客户端组件写出更加复杂、功能更加强大的 App,需要进一步熟悉 Json。

#### 1. 认识 Json

Json 广泛应用在 App Inventor 2 系统中,就如网络微数据库(WebDinyDB)组件和网络服务器的数据交换格式,采用的也是 Json。下面的文本框中,显示的是一个典型的 Json 文本。不同类型的数据用","分隔,中文则用"UTF-8"进行编码。

```
{"msg":"1","text":"\u66F4\u65B0\u6210\u529F\uFF01"}
```

Json. cn 网站(http://json. cn/)提供了对 Json 格式文本的在线解析功能,访问这个地址,并将上面文本框中的代码复制上去,就能看到解析后的文本,用","分开了 msg 和 text 这两组信息,如图 5-21 所示。

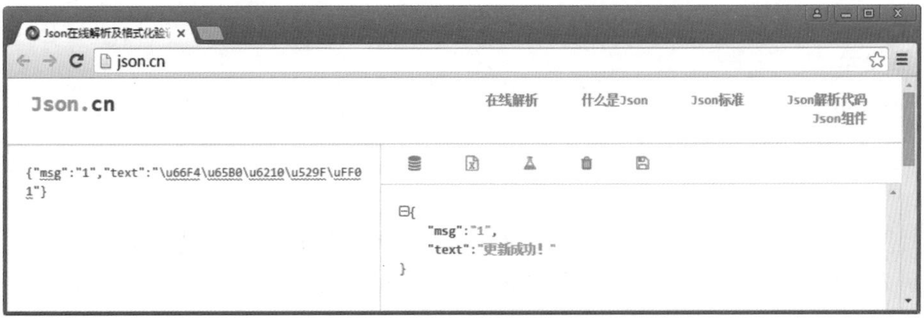

图 5-21　在线解析 Json

跟我学 App Inventor 2

在"IP 地址查询"App 中,已经知道 Web 客户端组件中提供了对 Json 的自动解析功能。利用 Web 客户端组件的解析 Json 功能,不仅可以将中文显示出来,还可以逐层解析,轻松得到 Json 中每一个分项的数值,如 msg 和 text 等。

### 2. "IP 地址查询"的升级版

接下来,完成"IP 地址查询"的升级版,将 API 服务器返回的查询结果分项显示出来。首先仔细观察一下返回的 Json 信息。

{"errNum":0,"errMsg":"success","retData":{"ip":"117.89.35.58","country":"中国","province":"江苏","city":"南京","district":"鼓楼","carrier": "中国电信"}}

这是一个分为两层 Json 信息,第一层是分为 errNum、errMsg、retData 3 组,其中 retData 中又分为 6 组,分别是 ip、country、province、city、district 和 carrier。在 http://json.cn 上观察,Json 文件的数据结构如图 5-22 所示。

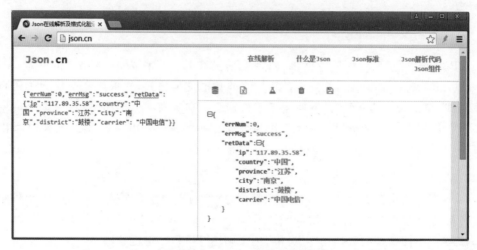

图 5-22　Json 文本的数据结构

考虑到 IP 查询可能失败,所以要先判断 errNum 项是否为 0,然后逐一在 retData 项中取出 carrier、country 和 city 等信息。"IP 地址查询"升级版的界面设计和"IP 地址查询"一样,发送 HTPP 头部信息和参数的代码也是一样的,需要更新的是 Web 客户端"获得文本"的过程代码,参考代码如图 5-23 所示。

 小提示

代码中"\n"表示换行,这和很多编程语言是一致的,如 javascript。

### 3. 范例——我的聊天机器人

百度 API store 中提供了一个有趣的 API——图灵机器人。通过调用这个 API,不需要了解人工智能方面的知识和编写复杂的代码,就可以做一款和虫洞、微软小冰相媲美的聊天机器人。

首先要访问图灵机器人的 API 调试页面,了解具体的参数。如图 5-24 所示,需要提

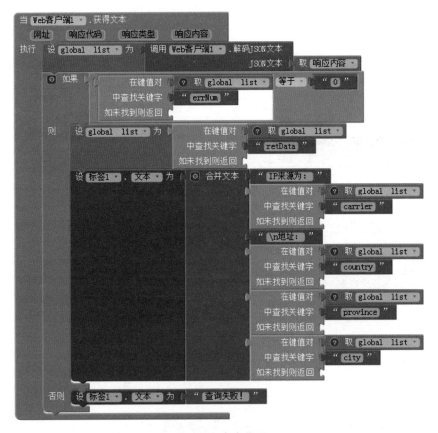

图 5-23　参考代码

图 5-24　图灵机器人 API 的调试页面

交的参数有 key、info 和 userid,其中 key 和 userid 是固定的,可以直接使用页面中提供的值,也可以通过注册图灵机器人的网站(http://www.tuling123.com/)获得。

App 的界面设计也不复杂,核心组件为两个文本输入框和两个按钮。为了让聊天更加有趣,App 中添加了语音识别器和文本语音转换器,如图 5-25 所示。

图 5-25　"聊天机器人"界面设计

为了方便调用,代码中特意写了一个命名为"网络对话"的过程,不管是用按下"按钮1"还是按下"按钮 2",都会调用这个过程。同样,将 URL 的设定和 APIkey 的设置,放在 Screen1 初始化的事件中,也是为了代码看起来更加简洁、清晰,如图 5-26 所示。

图 5-26　参考代码

虽然看起来代码并不复杂,但是效果很不错。图灵机器人提供的 API,具备了一定的人工"智能"。你可以问很多稀奇古怪的问题,可都难不住它。App 的运行效果如图 5-27 所示。

图 5-27　图灵机器人的运行界面

---

✎ **试一试**:中国天气网(www. weather. com. cn)的天气更新比较及时,而且也提供了 API。通过访问特定地址的网页,就可以得到 Json 格式的天气信息。比如:北京城市的天气为

http://www.weather.com.cn/adat/cityinfo/101010100.html

返回的 Json 文本为

{"weatherinfo":{"city":"北京","cityid":"101010100","temp1":"15℃","temp2":"5℃","weather":"多云","img1":"d1.gif","img2":"n1.gif","ptime":"08:00"}}

能否解析这个 API,得到天气预报的各种信息?

---

## 5.3　体验物联网技术

物联网(Internet of Things)这个词,国内外普遍公认的是由 MIT Auto-ID 中心 Ashton 教授在 1999 年最早提出来的。通俗地讲,物联网就是"物物相连的因特网",其目标是让万物沟通对话。比如:在电视机上装传感器,可以用手机通过网络控制电视的使用;在空调、电灯上装传感器,计算机可以精确调控、开关,实现有效节能;在窗户上装传感器,可以坐在办公室里通过计算机打开家里的窗户透气等。

支撑物联网发展的三大关键技术分别为感知、传输、计算。物联网应用的工作流程如图 5-28 所示。这里的计算指"云计算",是实现物联网的核心。云计算的基本形态就是将数据计算从本地转移到服务器端,本地只是进行数据的传输与执行。而大量复杂的计算过程则是放到服务器端利用服务器的计算功能来完成。为方便物联网爱好者和行业用户开发基于物联网的应用,国内有多家公司提供了物联网的"云计算"开放平台,如 Yeelink、乐联网和中国移动物联网开放平台等。

图 5-28  **物联网应用示意**

手机一直是物联网技术中最重要的节点之一,既可以作为感知设备,也可以作为控制设备。在中国移动物联网开放平台的支持下,也可以用 App Inventor 2 开发一些有趣的物联网应用。比如,做一个实时记录 GPS 行踪的 App——"GPS 自动记录器",将自己的 GPS 信息实时更新在物联网服务器上,不仅可以避免手机丢失,还可以作为大数据分析的信息来源,从数据中分析一个人的职业、家庭和工作单位等。

### 5.3.1  "中国移动物联网开放平台"的设置

#### 1. 注册用户

首先要注册中国移动物联网开放平台(http://open.iot.10086.cn/),注册的过程不再赘述。

#### 2. 设置"接入设备"

用户注册后,系统会自动生成一个默认的项目。登录网站后单击右上方的"接入设备",如图 5-29 所示。根据页面提示,将信息填写完毕,如图 5-30 所示。注意,接入协议

图 5-29  **中国移动物联网开放平台的主页**

请选择默认的 HTTP 协议。

图 5-30　设置接入设备

设备添加成功后，会看到设备 ID、API 地址和设备 APIKey 等信息，如图 5-31 所示，这些信息都需要记录下来，写 App 的时候会用到。当然，这些信息在其他页面也能查到。

图 5-31　"设备"添加成功

单击网页右上方的"项目",就能看到刚才添加的设备了。如图 5-32 所示,项目中添加了 4 台设备。在这个物联网开放平台中,项目是最大单位,包含了多个设备。每个设备都可以设置单独的 APIKey,也可以统一使用权限最大的项目 APIKey。

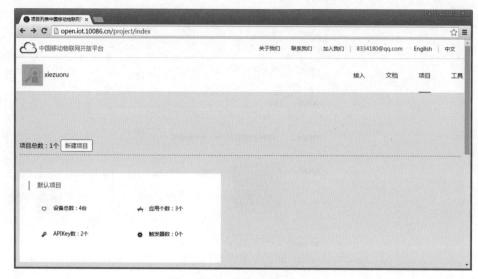

图 5-32　"项目"浏览页面

3. 添加"数据流"

在中国移动物联网开放平台中,要弄清楚项目、设备、数据流和数据点的关系。"数据点"属于"数据流",众多的"数据点"组成了"数据流",一个设备拥有很多的"数据流"。四者之间的关系如图 5-33 所示。

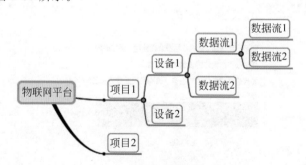

图 5-33　项目、设备、数据流和数据点的关系

"数据流"要在设备的管理页面中增加。"我的手机物联网应用"的设备管理页面如图 5-34 所示,在这个页面中能看到与设备相关的所有信息。

页面的最下方显示设备的数据流,单击"添加数据流"按钮,添加一个名称为 loc 的数据流,如图 5-35 所示。

4. 查看"API 文档"

单击"API 文档",能查询到所有的 API 使用说明。建议直接下载一份 DOC 格式的

图 5-34　"我的手机物联网应用"的设备管理页面

图 5-35　添加名为 loc 的数据流

API 说明文档，方便查询，并且提供的信息会更加具体。因为只需要上传 GPS 的数据，需要关心的仅仅是如何上传数据部分，如图 5-36 所示。

图 5-36　查看 API

根据"上传数据点"的 API 介绍，整理出表 5-3 所示的使用说明。

表 5-3　"上传数据点"的 API 使用说明（标准模式）

| 内　　容 | 说　　明 |
|---|---|
| HTTP 方法 | POST |
| 请求 URL | http：//API. heclouds. com/devices/763035/datapoints |
| HTTP 头参数 | APIKey：rDMuDWrIM6QjNtD7f1xbWUiZzlg＝ |
| 请求内容 | 带时间的数据点：{"datastreams"：[{"id"："loc","datapoints"：[{"at"："2016-01-11T00：35：43","value"：42}]}]}<br>不带时间的数据点：{"datastreams"：[{"id"："loc","datapoints"：[{"value"：42}]}]} |

**注**：表格上传的数据点中 loc 是数据流的名称。

因为要上传的是 GPS 数据，GPS 包含经度、维度和海拔的信息，并不是一个数值。所以，还需要查询详细的 API 文档，然后得到具体的数据说明，如图 5-37 所示。要提高自身的编程能力，学会查询 API 手册是基本功之一。

在 API 手册中还提供了一个更加简洁的数据上传方式，结合 GPS 数据点的上传格式，具体说明如表 5-4 所示。其中 loc 为数据流名称，lon、lat 和 ele 分别代表经度、纬度和海拔。

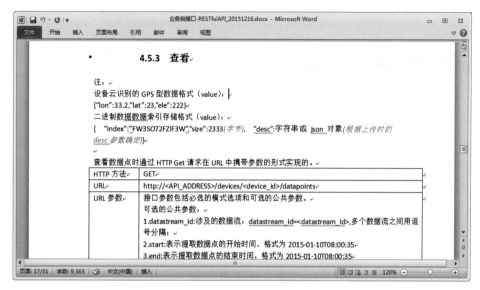

图 5-37　查询 API 手册

表 5-4　"上传数据点"的 API 使用说明（简洁模式）

| 内　　容 | 说　　明 |
| --- | --- |
| HTTP 方法 | POST |
| 请求 URL | http：//API．heclouds．com/devices/763035/datapoints？ type＝3 |
| HTTP 头参数 | APIKey：rDMuDWrIM6QjNtD7f1xbWUiZzlg＝ |
| 请求内容 | {"loc"：{"lon"：33.2,"lat"：23,"ele"："222"}} |

## 5.3.2　编写"GPS 自动记录器"

### 1. 界面设计

前面的准备工作完成后就可以开始设计 App 界面了。这里提供的范例界面还是很简单的，提供 3 个必要的文本框显示 GPS 数据，两个按钮来控制是否开始记录。用计时器实现定时记录，位置传感器组件则提供了手机的 GPS 信息。设计界面如图 5-38 所示。

### 2. 编程实现

通过位置传感器组件获取 GPS 信息，设置定时器组件定时执行，这都没有太大的难度。这个 App 的核心功能在于如何用 POST 形式提交文本。如果采用标准的数据点上传形式，参考程序如图 5-39 所示。其中文本框 1～3 分别存储了位置传感器提供的经度、纬度和海拔等信息。

如果采用简洁模式上传数据点，参考程序如图 5-40 所示。使用简洁模式要上传的文本较少，能节约网络流量。

完整的参考代码如图 5-41 所示。为了使单击"开始记录"按钮后无须等待，就先提交一次数据，所以在屏幕初始化的时候，先设置计时间隔是 1000ms(1s)，然后在计时器 1 "计时"的过程中，将计时间隔设置为 30000，即 30s 记录一次。

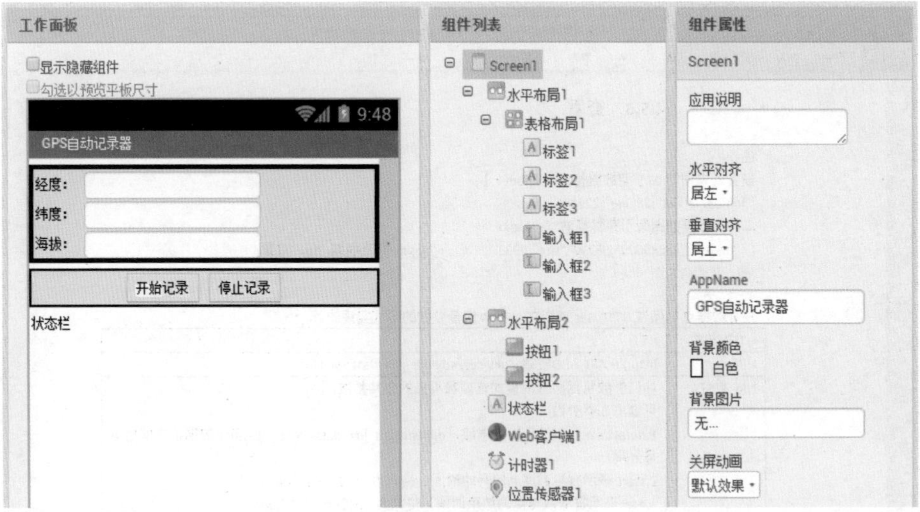

图 5-38 **界面设计**

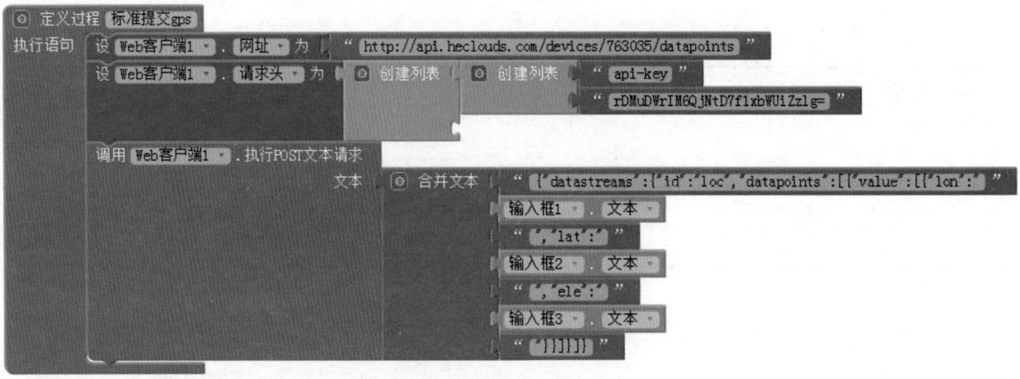

图 5-39 **参考程序**

图 5-40 **参考程序**

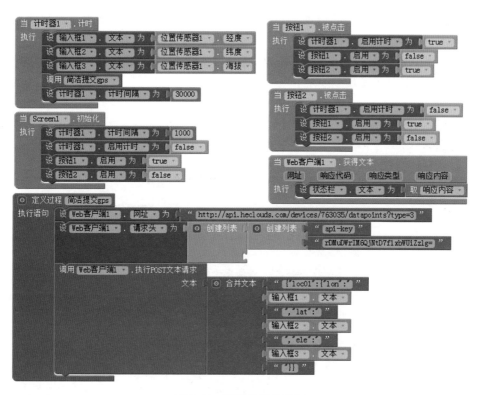

图 5-41 完整的参考程序

3. 程序调试

App 的运行界面如图 5-42 所示。这个 App 还需要进一步修改和优化。例如,界面

图 5-42 运行界面

需要美化；对于服务器返回的信息，App 还没有处理就直接显示了；数据点最好能先保存到微数据库中，隔一定的时间统一提交。如果提交失败，还应该有必要的提示等。

既然 App 提示数据点已经上传成功，那赶紧在设备的页面看一下吧。如图 5-43 所示，你还能看到具体的地图信息呢！

| 数据展示 | 添加数据流 | | | 0条评价 |
|---|---|---|---|---|
| 10001 | | | 更新时间：暂无数据 | ⌄ |
| shake | 最新数据：50 | | 更新时间：2016-01-27 22:50:00 | ⌄ |
| gps | | | 更新时间：2016-01-28 00:32:59 | ⌄ |
| loc | 最新数据：经度：120.65286 纬度：28.01667 | | 更新时间：2016-01-28 13:42:09 | ⌄ |

图 5-43　查看上传的数据

### 5.3.3　物联网应用扩展

中国移动物联网开放平台还提供了数据查询下载、数据应用等功能，甚至提供了触发器功能。这些都可以用 API 的形式管理，也很值得进一步研究。

比如，利用上传的 GPS 数据做一个应用页面，如图 5-44 所示。

图 5-44　数据应用页面

当然，手机中自带的传感器还是太少，App Inventor 2 能支持的传感器就更少了。但是，如果结合 Arduino，就可以很轻松地使用其他更多的传感器，而且在物联网平台的支持下，这些数据可以自动存储，还可以让手机通过 Arduino 做相应的控制。那么，物联网、智能家居方面的应用都能开发出来了。

> 试一试：结合手机和 Arduino，做一个校园 PM2.5 的监测系统，定时将校园的 PM2.5 信息上传到物联网服务器。

## 5.4　App 云服务器的设计

学习 App Inventor 2 一段时间后，很多新的问题和想法就会冒出来了，举例如下：

① 我开发了一个小游戏，用户玩小游戏的得分能不能和其他用户比较？手机上有很多小游戏在玩完游戏后，都会出现"击败**％的用户"的提示，看起来很酷。App Inventor 2 能实现吗？

② 我开发的 App 具有用户注册功能，需要注册后才能继续操作。但是，这些注册信息能否保存在网络上？用户更换手机或者重装 App 后能不能不需要再次注册，用原先注册的信息就能继续使用？仅仅依靠 TingWebDB，看起来不容易实现。

③ 我想知道有多少人使用了我的 App，我的 App 升级了能否通知原来的用户？

不难发现，这些问题都和 Web 应用有关。大部分手机 App 都具有将信息上传到网络服务器（一般都使用 Web 服务）或者从网络服务器中获取信息的功能。其实，App Inventor 2 中提供的 Web 组件，也能够实现上述的功能。App 和 Web 的互动，原理和现在很流行的"云计算""云服务"是一样的。

### 5.4.1　App 云服务器的设计

要完成这个设计，首先需要一个专用的 Web 服务，这一 Web 服务的数据库能存储 App 提交的信息，并且能返回相关的统计信息。Web 服务要提供 API 接口，App Inventor 2 的连接组件中提供了 Web 组件，可以通过这一组件与 Web 服务的 API 接口进行互动，流程如图 5-45 所示。

图 5-45　WebAPI 的运行流程

实际上，连接 Web 服务的手机 App 远远不止一个，而是 $N$ 个，构成了云服务的模型，如图 5-46 所示。Web 服务器称为云端，手机为终端。

图 5-46　App 的云服务模型

### 5.4.2　App 云用户管理系统的开发

目前网络上似乎还没有服务商提供免费的供手机 App 使用的云服务，尤其是能够让 App Inventor 2 的 Web 客户端组件可以简单访问的云服务。要让 App Inventor 2 开发的 App 也具有云服务的功能，就必须自行编写相应的服务端程序。

为了让初学者能够体验 App 云服务功能，有爱好者专门开发了相应的 Web 服务器程序。如"手机 App 云用户管理系统"就是一个多用户的系统，支持多个 App 应用同时使用，能够实现用户注册、用户登录、更新密码、更新得分和综合查询等功能。系统提供了一个简单的 API 接口，通过这个接口与手机 App 互动。

"手机 App 云用户管理系统"演示地址：http://www.wzms.cn/tot/reg/，其演示界面如图 5-47 所示。

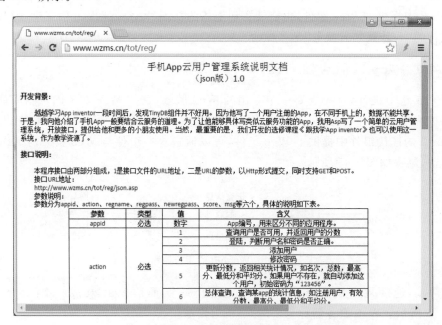

图 5-47　"手机 App 云用户管理系统"演示界面

下面以动态语言 ASP 和 Access 数据库为例,介绍一个最简单的"手机 App 云用户管理系统"的开发过程。

1. 通信协议设计

程序接口(API)由两部分组成:一是接口文件的 URL 地址;二是 URL 的参数,以 HTTP 形式提交,同时支持 GET 和 POST。提交的参数分为 u、p、a 3 个,具体说明如表 5-5 所示。

表 5-5　**API 参数说明**

| 参数 | 类型 | 值 | 含　义 |
|---|---|---|---|
| a | 必选 | 1 | 注册,添加用户名和密码 |
| | | 2 | 查询用户名和密码是否正确 |
| u | 必选 | 文本 | 用户名 |
| p | 必选 | 文本 | 用户密码 |

API 信息返回 Json 格式,使用两组数据,第一组为状态代码(errNum),0 表示失败,1 表示成功;第二组是文本提示(errMsg),说明错误原因。具体的使用说明如下。

① 注册用户(用户名:xzr,密码:123)

URL:http://<API 地址>/index.asp?u=xzr&p=123&action=1

成功,返回信息:

{"errNum":"1","errMsg":"\u6CE8\u518C\u6210\u529F\uFF01"}

失败,返回信息:

{"errNum":"0","errMsg":"\u6CE8\u518C\u5931\u8D25,\u7528\u6237\u540D\u5DF2\u7ECF\u5B58\u5728\uFF01"}

② 用户登录(用户名:xzr,密码:123)

URL:http:// <API 地址>/index.asp?u=xzr&p=123&action=2

成功,返回信息:

{"errNum":"1","errMsg":"\u767B\u5F55\u6210\u529F,\u767B\u5F55\u6B21\u6570:2"}

失败,返回信息:

{"errNum":"0","errMsg":"\u767B\u5F55\u5931\u8D25!"}

---

**小提示**

"\u767B\u5F55"是什么信息啊? Json 的中文使用了 UTF-8 编码,通过 http://json.cn 网站进行解码,或者用 Web 客户端的 Json 解码功能就能看懂这些中文信息了。

2. 数据库设计

新建 Access 数据库 reg. mdb(考虑到兼容性,推荐使用. mdb 格式),增加表 reg,字段设计如图 5-48 所示。

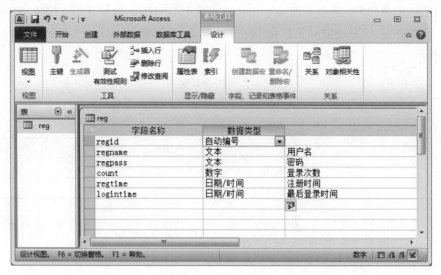

图 5-48　数据库设计

3. ASP 代码编写

首先需要一个能生成 JSON 的 ASP 类,网络上能找到一大堆,熟悉 ASP 的也可以自行开发。推荐使用笔者基于"艾恩 ASP 生成 JSON 数据类"修改的一个 JSON 类。该类文件可以通过笔者的博客下载或者在本书配套资源中查找。

新建名为 index. asp 的文本文件,参考代码如下。

```
<!--#include file=conn.asp -->
<!--#include file="json.inc"-->
<%
Dim regname,regpass,action,s1,s2
regname=SafeRequest("u")
regpass=SafeRequest("p")
action=Request("a")
Call openconn()
If action="1" Then '注册
    If regname<>"" and regpass<>"" Then
        sql="Select * from reg where regname='" & regname & "'"
        Set rs=Server.CreateObject("ADODB.Recordset")
        rs.open sql,conn,1,3
        If rs.eof Or rs.bof Then
            rs.addnew
            rs("regname")=regname
            rs("regpass")=regpass
```

```
            rs("regtime")=now()
            rs("count")=0
            rs.update
            s1="1":s2="注册成功!"
        Else
            s1="0":s2="注册失败,用户名已经存在!"
        End If
        rs.close
    Else
        s1="0":s2="注册失败,用户名或者密码不能为空!"
    End if
Elseif action="2" Then '登录
    If regname<>"" and regpass<>"" Then
        sql="Select * from reg where (regname='" & regname & "' and regpass='" &
regpass & "')"
        Set rs=Server.CreateObject("ADODB.Recordset")
        rs.open sql,conn,1,3
        If Not (rs.eof Or rs.bof) Then
            rs("count")=rs("count")+1
            rs("logintime")=now()
            rs.update
            s1="1":s2="登录成功,登录次数:"& rs("count")
        Else
            s1="0":s2="登录失败!"
        End If
        rs.close
    Else
        s1="1":s2="登录失败,用户名或者密码不能为空!"
    End If
Else
    s1="0":s2="缺少必要的参数!"
End If
Call closeconn()

dim json,jsonStr
set json=new Aien_Json              '定义主 Json 对象
json.JsonType="object"              'Json 数据结构为对象
json.addData "errNum",s1            '添加数据
json.addData "errMsg",s2
jsonStr=json.getJson(json)          '获取最后生成的 Json 字符串
Response.write jsonStr              '输出
set json=nothing
%>
```

参考代码中的第 1、2 行，"<!--＃include file＝conn. asp -->"和"<!--＃include file＝"json. inc"-->"分别表示引用了 conn. asp 和 json. inc 这两个文件。json. inc 文件就是可以生成 JSON 的 ASP 类文件，conn. asp 文件中定义了 3 个函数，代码如下。

```
<%
Dim mdb,conn,StrSQL
'连接数据库
Sub openconn()
    mdb="reg.mdb"
    set conn=server.createobject("ADODB.Connection")
    StrSQL="DBQ="&server.mappath(mdb)&";DRIVER={Microsoft Access Driver (*.
mdb)};"
    conn.open StrSQL
end sub
'关闭数据库
Sub closeconn()
    conn.close
    Set conn=Nothing
End Sub
'定义一个 SafeRequest 函数,避免注入漏洞
Function SafeRequest(ParaName)
    Dim ParaValue
    ParaValue=Request(ParaName)
    ParaValue=replace(ParaValue,"'","")
    SafeRequest=ParaValue
End Function
%>
```

4. 在服务器上运行、测试

以上 ASP 代码可以正常运行在 Win 2003 或者 Win 2008 的 IIS 5.0 上。如果缺少服务器环境，推荐使用一个 600KB 左右的 ASP 服务器系统——NetBox。如果服务器设置正确，输入本机的 IP 地址，打开的页面如图 5-49 所示。然后测试一下注册和登录的 URL，观察返回的信息是否正确。

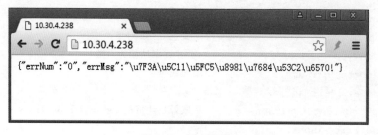

图 5-49 默认页面

很多软件网站都提供了 NetBox 的下载,本软件也已经收集在本书的配套资源中。本系统的演示地址为 http://www.wzms.cn/tot/app/。

### 5.4.3　App 云用户管理系统的应用

这个云用户管理系统很简单,但是可以有效收集用户,如果规定用户名一定是手机号码或者邮箱,就可以得到你 App 粉丝的联系方式了。不仅可以了解到有多少人在使用你的 App,还可以联系这些用户了解使用情况,甚至还可以批量通知用户 App 升级通知。当然,按照这样的思路,可以把留言、升级通知之类的都用云服务的形式进行自动通知、升级,那么我们的 App 就非常专业了。

下面通过一个简单的示例,介绍 App 中如何使用用户注册、登录的功能。

1. 界面设计

这个 App 需要两个界面,即屏幕(Screen)。Screen1 是登录、注册界面,Screen2 为登录后的界面。Screen1 是重点,界面设计如图 5-50 所示。

图 5-50　Screen1 的界面设计

2. 编程实现

这个 App 的主要代码都在 Screen1 里。"标签 3"用于显示 API 的返回信息,对话框用于提示"登录成功"。参考代码如图 5-51 所示。

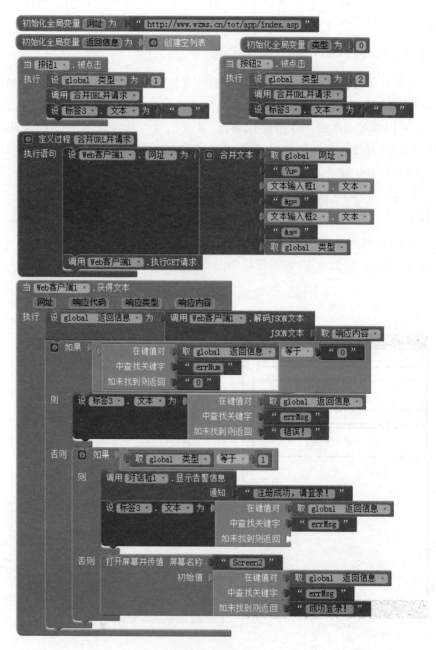

图 5-51　参考代码

 想一想

　　如果用户登录成功后,下次打开 App 应该不用再输用户名和密码了,那么应该用什么组件来记录用户已经登录的状态呢?

### 3. 程序调试

打开数据库 reg.mdb，就能在 reg 表中看到所有注册的用户了，如图 5-52 所示。

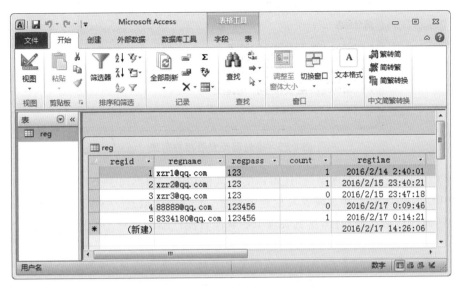

图 5-52　数据库中收集的用户列表

但是，总要下载数据库去查看用户毕竟麻烦。建议写一个能够读出所有用户名的 ASP 程序，如 view.asp，参考代码如下。

```
<!--#include file=conn.asp -->
<%
Response.write "<p>用户列表</p>"
Call openconn()
sql="Select * from reg Order By regid asc"
Set rs=conn.execute(sql)
Do While Not rs.eof
    Response.write "<li>"& rs("regname") &","& rs("regtime") &"</li>"
    rs.movenext
loop
rs.close
Call closeconn()
%>
```

这个 ASP 文件读出了 reg 表中的 regname 和 regtime 字段，即用户名和注册时间。浏览效果如图 5-53 所示。

> **小提示**
>
> 因为是演示程序，用户密码并没有做加密处理。建议使用 MD5 加密，以防信息泄露。

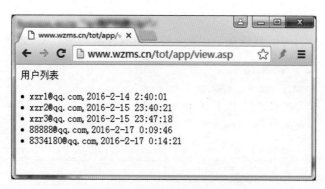

图 5-53　通过网页查看用户列表

　　"手机 App 云用户管理系统"还可以实现其他功能。如再加一个字段存储操作指令，让支持 Wi-Fi 访问的机器人或者其他智能产品，定时去读取这一 API 接口，根据返回数据的不同而执行不同的动作，这就实现了物联网智能产品的远程手机控制功能。

> 　　**试一试**：访问"手机 App 云用户管理系统"的演示地址，编写一个相应的 App。只要在用户邮箱前面加一个简单的前缀，如"app1_"，那么，只要邮箱前面加了"app1_"的就是你的 App 用户。哪怕没有服务器，也可以体验用户注册的功能了。

# 5.5　综合范例——听写神器

　　功能稍微强大一些的手机 App，几乎离不开背后的 Web 服务作为应用支持。本节从开发背景、原理分析到代码编写，完整地剖析一个学生作品，体会应该如何利用学到的知识，编写出有趣而紧密联系生活的 App。由于代码较长，限于篇幅，这里仅仅展示部分核心代码，具体可以查看本书配套资源中的源文件。

## 5.5.1　开发背景

　　"听写神器"的小作者说："老师总会天天布置听写作业，但是爸爸妈妈常常不在家，爷爷奶奶又不认识字，怎么办呢？有人会想，可以用录音机或者语音备忘录什么的，先自己录下来，再播放给自己听。可是这太麻烦了，要读好多词语，而且要停顿几秒，更要命的是报词语的次序是不变的。为了能帮助同学们完成听写任务，而且再也不用担心爸爸妈妈不在家，所以就有了这个叫'听写神器'（HomeWork）的手机 App。"

## 5.5.2　工作原理分析

　　"听写神器"分为服务器端、学生端和教师端 3 个部分。教师端发布听写任务到服务器端，学生端从服务器端获取要听写的词语或者单词。三者之间也是用 WebAPI 进行通信的，工作流程如图 5-54 所示。

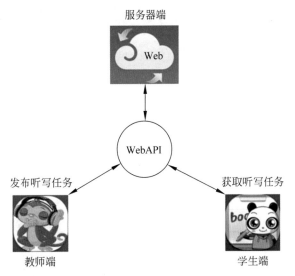

图 5-54 "服务器端、学生端和教师端"的工作流程

### 5.5.3 服务器端和 WebAPI 的设计

服务器端采用 ASP＋Access 数据库编程，访问地址为 http://www. wzms. cn/tot/
words/。WebAPI 支持 POST 和 GET 两种形式，返回信息为 JSON 格式，具体说明
如下。

1. 获取听写任务

访问地址：http://www. wzms. cn/tot/words/json. asp。

参数：仅一个参数 id，数值为数字，如 1。

URL 范例：http://www. wzms. cn/tot/words/json. asp? id＝1。

数据格式：第一组信息为数字，0 表示错误，1 以上表示要听写的词语数量；第二组信
息为要听写的词语（单词）；第三组信息表示"发布人"，如某某老师；第四组信息是任务发
布的时间。如果参数有错误，第二组数据为错误信息。

{"count":13,"words":["\u62DB\u724C","\u62C5\u5FE7","\u6025\u5207","\u60E7\
u6015","\u77E5\u8DA3","\u5149\u987E","\u6050\u6015","\u5145\u8DB3","\u7406\
u7531","\u5C4B\u6A90","\u5176\u5B9E","\u652F\u6491","\u9F13\u52B1"],"pub":"\
u8C22\u8001\u5E08","addtime":"2014-11-21 18:44:53"}

用 http://json. cn 解析返回的 Json 信息，内容如图 5-55 所示。

2. 发布听写任务

地址：http://www. wzms. cn/tot/words/post. asp。

参数：共两个参数（words 和 pub），数值为文本。words 为要听写的词语，用空格分
隔，pub 为发布人的名称。

URL 范例：http://www. wzms. cn/tot/words/post. asp? words＝高兴 愉快 &.pub＝谢

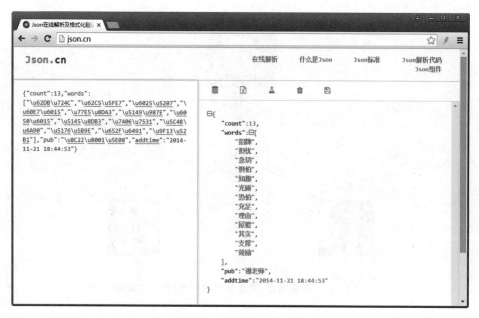

图 5-55　返回的 JSON 信息

老师。

数据格式：第一组信息为数字，0 表示错误，1 以上表示发布的任务 ID；第二组数据为状态信息，如"发布成功，任务编号为：**"。

{"count":29,"words":"\u53D1\u5E03\u6210\u529F\uFF0C\u4EFB\u52A1\u7F16\u53F7\u4E3A\uFF1A29"}

3. 核心 ASP 代码

服务器端的主要文件为 Json.asp 和 Post.asp，分别对应返回听写词语列表和发布听写任务两大功能。

Json.asp 文件的参考代码如下。

```
<!--#include file="conn.asp"-->
<!--#include file="json.inc"-->
<%
Dim id,count,s1,s2
id=saferequest("id",1)
If id<>"" then
    Set rs=conn.execute("select * from words where id="&id)
    If rs.eof Then
        count="0":mystr="请检查编号"
    Else
        mystr=split(rs("words")," ")
        count=UBound(mystr)+1
        s1=rs("publisher")
```

```
        s2=rs("addtime")
    End If
    rs.close
    Set conn=nothing
Else
    count="0":mystr="编号不能为空"
End If
dim json,jsonStr
set json=new Aien_Json                '定义主 Json 对象
json.JsonType="object"                'Json 数据结构为对象
json.addData "count",count            '添加数据
json.addData "words",mystr
json.addData "pub",s1
json.addData "addtime",s2
jsonStr=json.getJson(json)            '获取最后生成的 Json 字符串
Response.write jsonStr                '输出
set json=nothing
%>
```

Post.asp 文件的参考代码如下。

```
<!--#include file="conn.asp"-->
<!--#include file="json.inc"-->
<%
Dim id,count,s1,s2
words=request("words")
pub=saferequest("pub",0)
If words<>"" And pub<>"" Then
    application.lock
    Application("sql")="Select * from words where id=0"
    Set rs=Server.CreateObject("ADODB.Recordset")
    rs.open Application("sql"),conn,1,3
    rs.addnew
    rs("words")=words
    rs("publisher")=pub
    rs("addtime")=now()
    id=rs("id")
    rs.update
    rs.close
    Set conn=Nothing
    application.unlock
    s1=id:s2="发布成功,任务编号为:"&id
Else
    s1="0":s2="内容或者发布人不能为空!"
```

```
End If
dim json,jsonStr
set json=new Aien_Json                  '定义主 Json 对象
json.JsonType="object"                  'Json 数据结构为对象
json.addData "count",s1                 '添加数据
json.addData "words",s2
jsonStr=json.getJson(json)              '获取最后生成的 Json 字符串
Response.write jsonStr                   '输出
set json=nothing
%>
```

### 5.5.4　教师端的设计

1. 界面设计

教师端的主要功能是发布听写任务。虽然为了方便教师测试，App 也要提供获取词语、听写的功能，但毕竟不是重点。主要界面设计如图 5-56 所示。

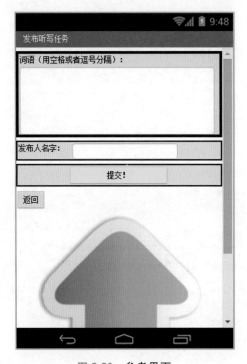

图 5-56　**参考界面**

2. 编程实现

因为教师发布的词语有可能比较多，采用 POST 的方式提交信息比较稳妥。这就需要将要提交的信息封装为一个数据包，而且 Web 客户端组件还需要一个请求头（headers），内容为 Content-Type：application/x-www-form-urlencoded。具体做法可参考源代码，如图 5-57 所示。

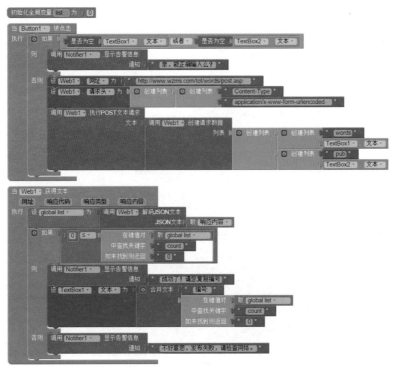

图 5-57　参考代码

### 5.5.5　学生端的设计

1. 界面设计

学生端的第一项功能是输入听写任务的编号而获取词语。界面设计如图 5-58 所示。

图 5-58　参考界面

2. 编程实现

获取词语后，判断 count 是否为 0。不为 0 说明获取成功，则显示发布人信息以及所有的词语。参考代码如图 5-59 所示。

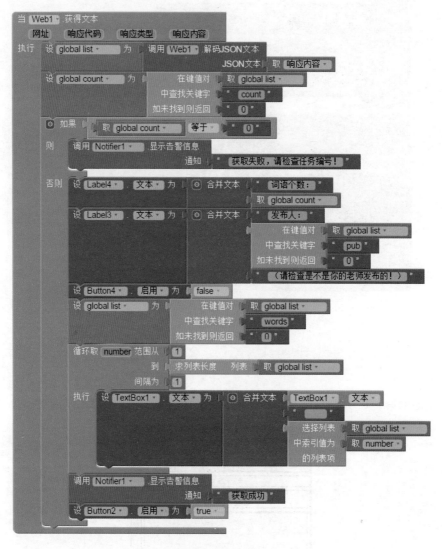

图 5-59　**参考代码**

第二项功能是听写。单击"开始听写"按钮，要进入一个新的屏幕（Screen）用语音播报听写。词语列表可以通过屏幕的初始值传送过去，这个值可以是普通数字和文本的变量，也可以是列表，如图 5-60 所示。

图 5-60　**传送屏幕的初始值**

在"听写"这个屏幕中,除了"摇一摇"手机的必要提示外,不需要显示别的信息。用户每摇一次手机,就自动随机报一个词语。为了避免重复,每报一个就在列表中删除这个词语,当列表为 0 时,说明词语已经全部报好了。参考代码如图 5-61 所示。

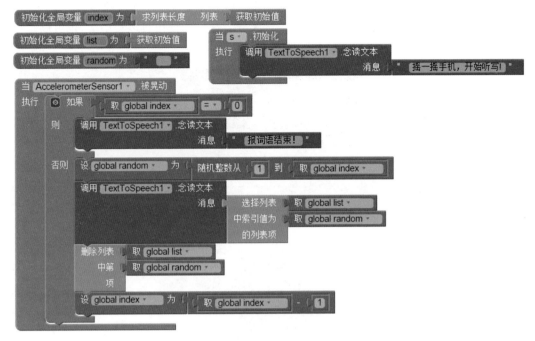

图 5-61　参考代码

### 3. 图标设计

为了区分教师版和学生版,App 的小作者还特意设计了两个 App 图标,分别命名为 homeworkTC 和 homeworkST,如图 5-62 所示。

图 5-62　App 的两个图标

> ✐ **小提示**
>
> 如何给 App 设计个性化的图标? 找一张自己喜欢的 BMP 图片,如果是其他格式的,要用相应的软件转换。

### 5.5.6 "听写神器"的使用说明

I. 教师发布词语

TC 版有一个"发布新任务"的按钮,单击该按钮后可进入发布词语界面,会有两个输入框。一个输词语,一个输发布人的名字,如图 5-63 所示。因为"听写神器"可以支持很多教师同时使用,所以要用发布人的名字进行区分。这里的词语可以是中文,也可以是英文单词。

图 5-63　发布听写任务

教师输入词语后,不同词语间要使用空格或者逗号分隔。按一下按钮,就可以发布任务了。如果任务发布成功,会返回一个大于 0 的编号,如图 5-64 所示。注意:要把刚发布的词语编号记下来并将它发给学生。

图 5-64　发布成功后返回的任务编号

### 2. 学生获取词语

这里的输入框里输入的是任务序号(编号)。词语序号指发布时的词语组编号。输入后单击"获取词语按钮",如果编号存在,系统就会显示"获取成功"的信息。如果没有这个编号,系统则显示"没有这个编号"。(小技巧:如果发现"获取词语按钮"不可用,请单击"清除一切词语"按钮)。获取词语后,"开始听写"按钮恢复可用状态,单击它可进入听写界面,如图 5-65 所示。

听写画面有只戴着耳机的小猴子,表示开始听写了,如图 5-66 所示。每摇一次,手机就会随机报出一个词语。当词语报完后,手机会提示:"报词语结束",然后退出听写界面。

图 5-65　获取词语的界面　　　　　图 5-66　报听写的界面

**注意**:如果手机提示错误,说明语音朗读引擎没有正确设置。请安装讯飞语音或者百度语音之类的语音朗读引擎,并在"设置"中正确设置。不同的手机在设置语音朗读引擎方面的操作可能会不同。

### 你学到了什么

本章中,你学到了以下知识:

- App Inventor 2 网络组件的基本介绍与使用,包括网络微数据库、Web 浏览框、Web 客户端等。
- 物联网技术的相关知识。
- App 云服务器的搭建。

- 各种 App Inventor 2 与 Web 的应用程序案例,包括天气预报 App、我的图灵机器人、听写神器等。

**动手练一练**

(1) 在"打地鼠"的基础上增加 Web 组件,使其支持通过 Web 存储用户的游戏得分,还能比较不同游戏用户的得分情况,输出统计结果,如"击败 90％的用户"之类,增加游戏的互动性。

(2) 在中国移动物联网开放平台上注册用户,将当地的一些信息定时上传,如每天的空气质量、噪声、光照等,积累一段时间后,再进行数据分析,体验大数据的魅力。

(3) 利用百度 API store 中提供的大量 API,编写有趣的 App 应用。

# 附录 A App Inventor 2 离线版的安装与使用

MIT AppInventor 在线开发平台的服务器在国外、国内的计算机网络很难访问到该服务器。因此，国内出现了很多版本的离线版 App Inventor 开发平台，解决了无法访问国外 MIT AppInventor 开发平台服务器的问题。其中，新浪微博名为"老巫婆"的金从军老师也开发了很多版本的离线版 App Inventor 2 开发平台，供各各学校的师生使用。

目前，最新的 App Inventor 2.0 离线版是 2.6 的版本（简称 AI 2.6 离线版），下面将以 AI 2.6 离线版为例对 App Inventor 2 离线版的安装与使用进行介绍。

1. App Inventor2 离线版的安装

**步骤 1** 下载 App Inventor 离线版 AI 2.6。

AI 2.6 服务器：App Inventor 开发平台的服务器。

AI 2.6 Starter：App Inventor 开发平台的调试、编译、打包及模拟器的服务器。

下载地址：http://sourceforge.net/projects/ai2u/files/ai2u%202.6/。

百度云盘下载地址：http://pan.baidu.com/s/1hqNFtju。

**步骤 2** 安装 AI 2.6 服务器。

根据计算机的配置选择 AI 2.6 离线版服务器的类型：AI2U 32bit v2.6.exe(32 位操作系统)或 AI2U 64bit v2.6.exe(64 位操作系统)。

双击可执行文件 AI2U 32bit v2.6.exe 进行安装，在弹出对话框中选择语言为 English，如图 A-1 所示。

图 A-1　安装 AI 2.6 服务器第一步

按照安装向导，即可完成 AI 2.6 离线服务器的安装，如图 A-2 至图 A-5 所示。

跟我学 App Inventor 2

图 A-2　安装 AI 2.6 服务器第二步

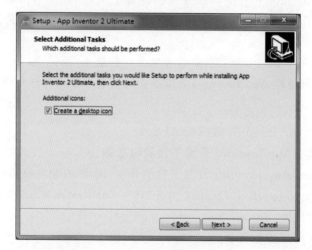

图 A-3　安装 AI 2.6 服务器第三步

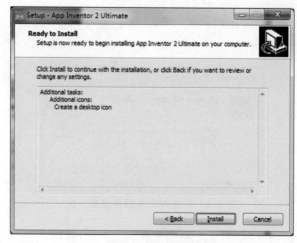

图 A-4　安装 AI 2.6 服务器第四步

170

图 A-5  安装 AI 2.6 服务器第五步

**步骤 3**  安装 AI 2.6 Starter。

双击可执行文件 AI2 Starter 2.6. exe,按照安装向导即可完成安装,如图 A-6 至
图 A-11 所示。

图 A-6  安装 AI 2.6 Starter 第一步

图 A-7  安装 AI 2.6 Starter 第二步

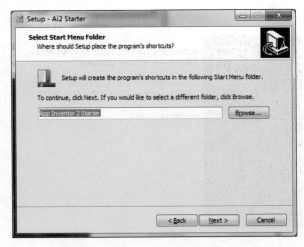

图 A-8　安装 AI 2.6 Starter 第三步

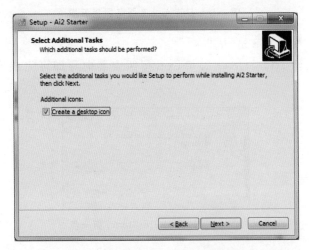

图 A-9　安装 AI 2.6 Starter 第四步

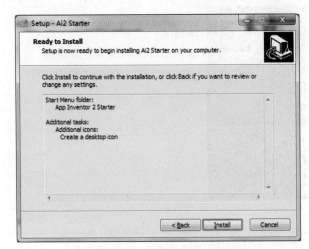

图 A-10　安装 AI 2.6 Starter 第五步

图 A-11　安装 AI 2.6 Starter 第六步

2. App Inventor 2 离线版的使用

App Inventor 2 离线版开发平台的使用，将通过一个简单的 App 应用程序案例（启动应用程序出现欢迎文字）制作进行介绍。

**步骤 1**　登录 App Inventor 2 离线版开发平台。

启动 AI 2.6 离线版服务器会出现 3 个窗口并最小化，如图 A-12 至图 A-14 所示。

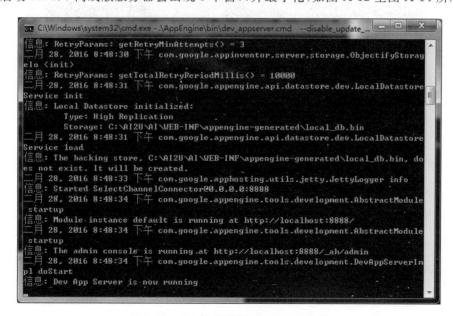

图 A-12　AI 2.6 离线版开发平台服务器

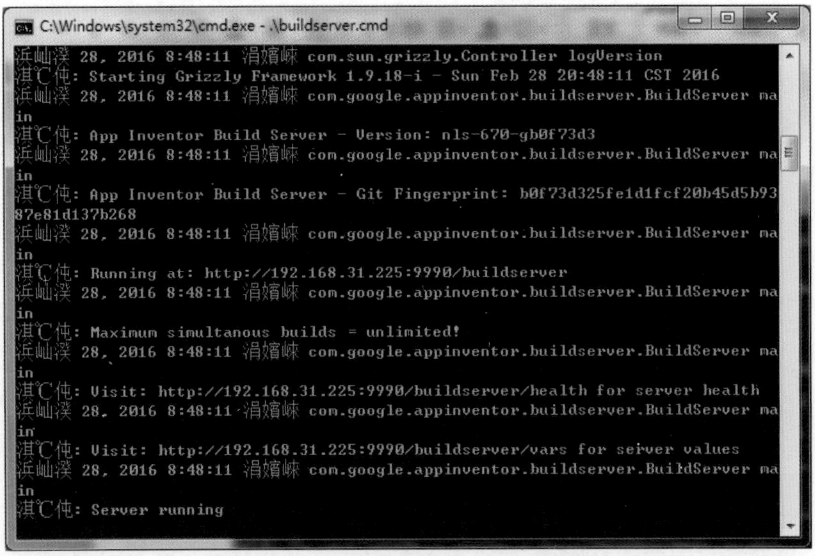

图 A-13　AI 2.6 离线版编译服务器

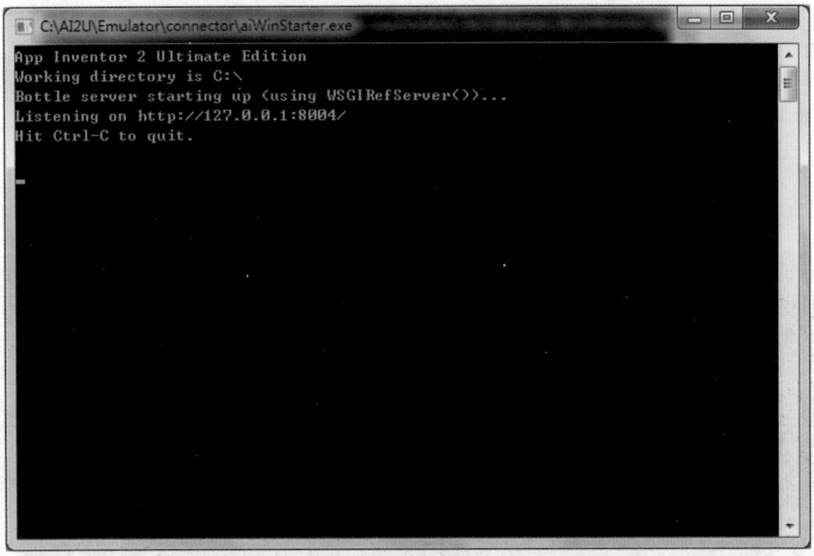

图 A-14　AI 2.6 离线版调试、模拟器的服务器

　　启动浏览器(建议使用谷歌浏览器或火狐浏览器),在地址栏中输入 localhost：8888,并按 Enter 键即可出现 App Inventor 2 开发平台登录界面,如图 A-15 所示。

　　输入一个邮箱地址(也可使用默认的账户地址),并单击 Log In 按钮即可登录 App Inventor 2 开发平台,初次登录需单击 I accept the terms of service 按钮同意该服务,具体如图 A-16 和图 A-17 所示。

　　**步骤 2**　更改语言。

　　单击右上角的下拉框,即可选择并更改语言,如图 A-18 和图 A-19 所示。

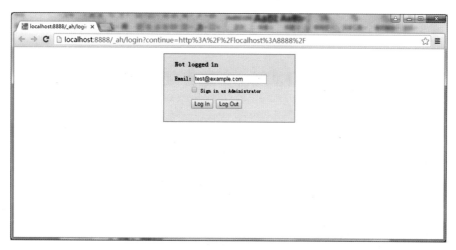

图 A-15   AI 2.6 离线版开发平台登录界面

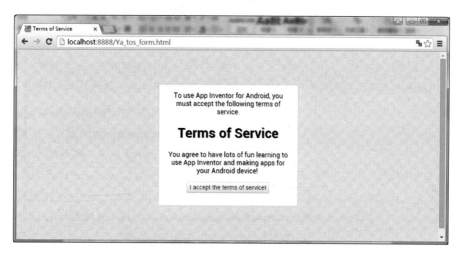

图 A-16   选择同意服务

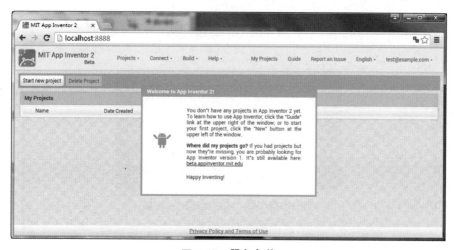

图 A-17   服务条款

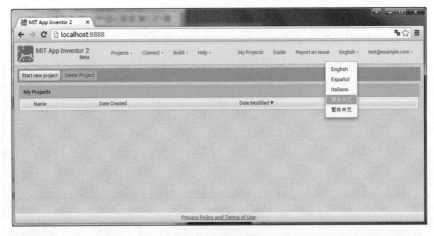

图 A-18 更改语言

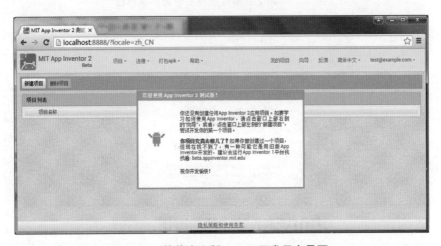

图 A-19 简体中文版 AI 2.6 开发平台界面

**步骤 3** 新建项目，如图 A-20 所示。

图 A-20 新建项目

**步骤 4**　组件设计。

组件属性设置见表 A-1。

表 A-1　组件属性设置

| 组件放置 | 组件 | 面板组 | 组件命名 | 组件属性 |
|---|---|---|---|---|
| 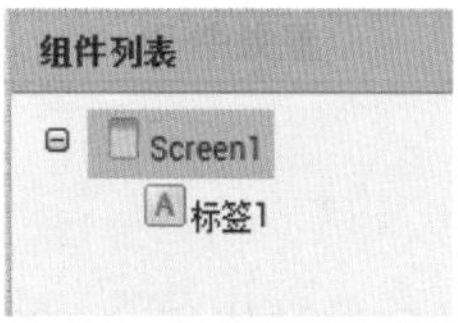  | Screen | 默认 | Screen1 | 默认 |
| | 标签 | 用户界面 | 标签 1 | 默认 |

**步骤 5**　逻辑设计。

逻辑设计见图 A-21。

当 Screen1 . 初始化

执行　设 标签1 . 文本 为 " 欢迎来到AppInventor编程世界！ "

图 A-21　逻辑设计

**步骤 6**　打包并安装 App 应用程序。

单击"打包 apk",选择 Apk 的下载方式,即可打包该 App 应用程序,如图 A-22 所示。

图 A-22　打包 Apk

下载得到的 Apk 文件(即 App 应用程序)可安装在 Android 手机中使用。

# 附录 B AI 伴侣的安装与使用

在利用 App Inventor 2 开发平台完成 App 应用程序开发时，可以通过使用 AI 伴侣快速地在 Android 设备中进行调试，即 App Inventor 2 开发平台的调试服务器将开发中的 App 应用程序通过 AI 伴侣在 Android 设备的内存中运行，用户可以及时观察到该 App 的运行效果，并且与 App Inventor 2 服务器端实时同步。

Android 设备上需要安装 AI 伴侣，才能与 App Inventor 2 服务器端进行同步完成对 App 应用程序的调试。AI 伴侣实际上也是一个 App 应用程序，即一个 Apk 执行文件。

1. AI 伴侣的安装

App Inventor 开发平台可分为在线版和离线版两个版本，因此 AI 伴侣的安装方式也有两种，但是只要 App Inventor 开发服务器与 AI 伴侣的版本一致，在线版的 AI 伴侣与离线版的 AI 伴侣可以相互通用。下面将分别以在线版的"AppInventor 广州服务器"和离线版的 AI 2.6 为例，介绍 AI 伴侣的安装。

1) 在线版 App Inventor 2 的 AI 伴侣安装

（1）登录"App Inventor 广州服务器"，地址为 http://app.gzjkw.net，如图 B-1 和图 B-2 所示。

图 B-1 App Inventor 广州服务器登录界面

图 B-2 项目列表

（2）单击"帮助"菜单中的"AI 伴侣信息"命令，如图 B-3 和图 B-4 所示。

图 B-3 AI 伴侣信息

（3）下载安装 AI 伴侣有以下两种方式。

方式 1：可以通过单击"下载连接"下载该 AI 伴侣到本地计算机，再将 AI 伴侣的 Apk 文件移动到 Android 设备中进行安装。

方式 2：Android 设备通过扫描"二维码"可直接下载安装 AI 伴侣。

安装 AI 伴侣后，运行该应用程序，如图 B-5 所示。

图 B-4　公司二维码

图 B-5　AI 伴侣运行界面

2）离线版 App Inventor 2 的 AI 伴侣安装

离线版 App Inventor 2 服务器在安装完成后，其安装文件的根目录下就有一个"MIT AI2 Companion. apk"文件，如图 B-6 所示。

图 B-6 AI 伴侣"MIT AI2 Companion.apk"文件所在目录

将该 Apk 移动到 Android 设备内存或 SD 卡中并进行安装。AI 伴侣的运行界面如图 B-7 所示。

图 B-7 AI 伴侣运行界面

2. AI 伴侣的使用

AI 伴侣的使用方法有两种,也是 App Inventor 2 应用程序的两种调试方式。

1）USB 调试

用 Android 设备数据线连接计算机与 Android 设备，单击 App Inventor 2 开发平台上"连接"菜单中的 USB 命令，等待片刻即可在手机中调试 App 应用程序，如图 B-8 和图 B-9 所示。

图 B-8　USB 调试第一步

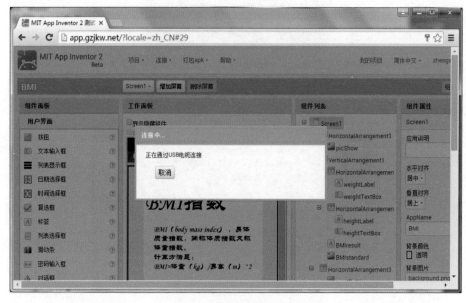

图 B-9　USB 调试第二步

2）二维码调试

在保证 Android 设备与计算机在同一网段的情况下，可单击"连接"菜单中的"AI 伴侣"命令，将出现一个二维码，如图 B-10 所示。

图 B-10　二维码调试

启动 Android 设备中的 AI 伴侣，单击 scan QR code 扫描二维码即可，调试效果如图 B-11 所示。

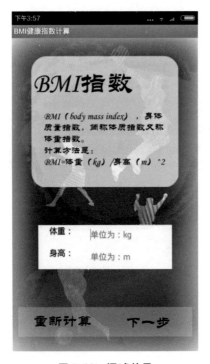

图 B-11　调试效果

# 参 考 文 献

［1］文渊阁工作室. 手机应用程式设计超简单：App Inventor 2 专题特训班［M］. 台北：碁峰资讯股份
有限公司，2014.

［2］王寅峰，许志良. App Inventor 实践教程——Android 智能应用开发前传［M］. 北京：电子工业出版
社，2013.

［3］黄仁祥，金琦，易伟. 人人都能开发安卓 App——App Inventor 2 应用开发实战［M］. 北京：机械工
业出版社，2014.

［4］曾吉弘，蔡宜坦，黄凯群，等. Android 手机程式超简单!! App Inventor 入门卷［M］. 台北：馥林文
化，2012.

［5］David Wolber，HalAbelson，Ellen Spertus. App Inventor：Create Your Own Android Apps［M］.
Sebastopol：O'Reilly Media Inc.，2011.

［6］蔡艳桃. Android App Inventor 项目开发教程［M］. 北京：人民邮电出版社，2014.

［7］老巫婆. AppInventor 编程实例及指南. http://www.17coding.net/.

［8］老巫婆官方博客. http://blog.sina.com.cn/jcjzhl.

［9］App Inventor 中文网. http://www.appinventor.cn/.

# 后　记

在众多朋友的关注和期待下,《跟我学 App Inventor 2》终于要与大家见面了。如果您翻阅过本书,一定会发现:看上去十分"高大上"的 Android App 开发,实际上并没有那么高深。换言之,App Inventor 2 开发平台所适用的人群范围十分广泛,小到五六岁的孩子,大到六七十岁的老人,而这也正是 Google 公司当初开发 App Inventor 这一子项目的初衷。

正因为 App Inventor 的技术门槛较低,非编程专业的人员也可以动手制作属于自己的 App 应用程序。如果您是从事学校技术教育的教师,或是将来准备从事技术教育的大学生,可以尝试将一些新奇有趣的想法用 App Inventor 实现。或许正是您的一次好奇的尝试,将成为催生学生们心中"创客种子"萌芽的关键。

"创客运动"已经席卷全国,而学校的创客教育也将越来越普及,并且课程和活动都在不断丰富中。"App Inventor"作为低门槛的手机 App 编程技术,必将成为创客教育课程中最常见的技术类课程之一。

编　者
2016 年 6 月